汇智书源 编著

二十几岁必须要知道的

500个

心理学常识

中国铁道出版社有限公司
CHINA RAILWAY PUBLISHING HOUSE CO., LTD.

U0650112

内 容 简 介

　　人生最激烈的斗争，其实就发生在我们的内心。我们的心态信念、思维模式、生活态度、努力程度等决定着自己人生的成败。本书从情绪、行为、婚恋、思维认识等方面有针对性地详细剖析了各种常见的心理现象和心理效应，通过大量的案例深入浅出地讲解了年轻人在生活和工作中可能遇到的心理问题及应对方法。

　　阅读本书，你将发现真实的自我，拥有和谐的心态；当抑郁、焦虑、愤怒无端来袭，本书将帮你顺利度过心理危机，使你在家庭、职场、性格、理财等方面拥有更加成熟的认知和思考，在稚嫩的外表下拥有智慧，在年轻人的激情里兼备成熟者的内涵。

图书在版编目（CIP）数据

二十几岁必须要知道的 500 个心理学常识/汇智书源
编著.—北京：中国铁道出版社，2019.4
　ISBN 978-7-113-25368-4

　Ⅰ.①二… Ⅱ.①汇… Ⅲ.①心理学-青年读物
Ⅳ.①B84-49

　中国版本图书馆 CIP 数据核字（2018）第 298608 号

书　　名：二十几岁必须要知道的 500 个心理学常识
作　　者：汇智书源　编著

策　　划：巨　凤		读者热线电话：010-63560056	
责任编辑：苏　茜			
助理编辑：邹一丹			
责任印制：赵星辰		封面设计：MXK DESIGN STUDIO	

出版发行：中国铁道出版社有限公司（100054，北京市西城区右安门西街 8 号）
印　　刷：三河市兴博印务有限公司
版　　次：2019 年 4 月第 1 版　2019 年 4 月第 1 次印刷
开　　本：700 mm×1 000 mm　1/16　印张：16.25　字数：290 千
书　　号：ISBN 978-7-113-25368-4
定　　价：49.00 元

前言 | FOREWORD

二十几岁的我们难免会迷茫，难免会脆弱，工作、感情中也总有痛点，但是我们却不能失望，不能消沉，因为这个时候的心理决定了未来一生的处世态度。

当我们面对人生的第一场风雨时，先要学会的就是掌控自己的情绪。掌控情绪是生活最高的艺术，掌控好了情绪可以更好地掌控命运。问题带来情绪，但是情绪解决不了问题。当你觉得自己的情绪不受控制时，不妨闭上眼睛感受一下它的澎湃，再静静把它消化。我们始终要记住：做情绪的主人，不做情绪的奴隶。

成长的标志不仅是可以控制自己的情绪，更要掌控自己的行为。当你放不下手机、离不开电脑、做不出选择、恨不得"购物"的时候，静下来反省一下自己，屏息凝视自己的内心，找到自己纠结的根源，发现自己隐蔽的伤口，然后对症下药，拿出决绝的魄力，活出崭新的自我。

二十几岁的人生课题十分复杂，因为我们不仅要战胜自我，还要适应社会。从就业的压力到择业的迷茫，从职场工作的失意到人际关系的无助，我们有太多的问题需要解决，有太多的心结需要解开。想要更好地完成从学校到社会的过渡，就必须掌握职场心理学，使自己在头脑上灵活，在心理上成熟。

人这一辈子能否过得幸福不能只看事业，正确的婚恋观和人生价值观同样重要。二十几岁是爱情开花结果的阶段，把握住正确的婚恋心理就等于为自己的幸福加上了保险。爱情是门课程，婚姻是门学问，如果乱闯乱撞，只会让你遍体鳞伤。无论是雷霆闪婚还是爱情长跑，无论是姐弟恋还是忘年恋，无论是毕婚族还是不婚族，想要幸福都要努力，都要学会经营。认清心理现状，找到心理问题，解决心理矛盾，你的爱情才会更长久，你的婚姻才会更稳定。

《二十几岁必须要知道的 500 个心理学常识》是一本实用的心理学教程。它针对刚刚步入社会的年轻人可能遇到的心理问题做出了全面的分析和解读。本书不仅致力于解决心理问题，更对如何适应社会和获得成功的心理学因素做出了细致的研究和阐述。本书内容不仅广泛地应用于生活之中，更被应用到社会、工作等层面，作用于年轻人的思想和行为当中。

这是为年轻人准备的心理制胜书。这里有最实用的案例参考，最深入的心理解读，最有效的自愈方法。每一条建议都能为你的生活增添光彩，每一份感悟都能为你的生命提质加量。

读者可以从本书中了解日常生活中常用的心理学常识，在家庭、职场、婚恋、性格、理财等方面拥有更加成熟的认识和思考。通过学习，读者能够轻松地调控自己的心理情绪，积极、乐观地面对问题；更能轻松地了解别人行为背后隐藏的心理，进而解释行为，实现完美的沟通，在生活、工作等诸多方面得到赞同。

年少不代表轻狂，年少亦不能无知。虽然我们正年轻，但是我们有理由更有能力把自己的人生推向顶点，愿本书能助你一臂之力！

编　者
2018 年 8 月

目录 | CONTENTS

附录A　破解神奇的色彩玄机——色彩心理学

附录B　最本能最真实的心理表达——习惯性行为

附录 I 小动作背后隐藏着什么——微行为、微表情心理学

附录 J 掌握人际交往中的主动权——沟通心理学

附录 K 收获两性中的完美关系——爱情心理学

附录 L　寻找职场人生新拐点——职场生存与解压

附录 M　揭秘生活中有趣的心理学现象——生活心理学

附录 N 左右你生活的心理学秘密——心理学效应

附录 O 规避负能量，提升幸福指数——心理调节法

二十几岁，我们的青春同样迷茫，但是不同的是有的人选择在迷茫中软弱，而有的人却选择在迷茫中坚强。虽然我们看不清未来的路，但我们却可以看清自己的心。只要心是明白的，走到哪里都不会迷失。心理诊断学，为你照亮脚下的路，帮你看清楚自己的心。

第一章
谁的青春不迷茫
——心理诊断学

一、"90 后"如何跨过自卑和孤独的坎

身为独生子女，"90 后"比其他有兄弟姐妹的人更渴望陪伴，更珍惜友情。成长过程中，他们有很长的时间都在独处，虽然时间总是被安排得没有空隙，但是内心的孤独感是忙碌也无法冲淡的。

"90 后"一代都渴望被更多的人深切地理解和关注。他们也会因为共同的爱好和相同的环境而拥有成群结队的小伙伴，但是这些伙伴能做到的也只是互相陪伴，真正能走进其内心的少之又少。他们彼此需要，也只是想要使自己看起来不孤单。

然而我们要知道，每个人都是独立的个体，都有自己的思想，别人无法完全理解我们的内心世界也是很正常的。孤独并不意味着痛苦，孤独完全可以很幸福。只有学会享受孤独，我们才能够更清醒地思考生活、感受生活。

（一）使你孤独的不是别人，而是你的自卑

自卑那么沉重，它会压得你无法昂首挺胸，它会把你生活的每一天都变得很苦涩。我们生活在与他人的联系中，如果因为自卑而孤立自己，这无疑是在给自己增加很大的压力。不要为自己的自卑找借口，请为自己的自卑找出口。

勇敢地做自己，不用在意别人的眼光。没有自我的人，走到哪里都找不到自我，而孤独的人无论在谁身边都是一样的孤独。

杨静生活在上海的郊区，家庭条件并不好。与人相处时她总是害怕别人知道她的家庭情况，怕别人看不起她，心理上极度自卑。

这种自卑的心理给她的人际交往带来了很大的阻碍。她很少与人交流，即使在一些轻松的聚会上也会很拘谨。久而久之身边的人都刻意疏远她，就算是集体的聚餐也不会叫上她。

这种经历使杨静非常痛苦，却仍然没能使她下定决心去改变现状，反而加重了她的自我否定。这种情况形成恶性循环之后，她的朋友越来越少，而且还交不到新的朋友。

日常生活中她总是一个人，一个人逛街、一个人看电影、一个人吃饭……很多时候，她真的感觉很孤独，很想有个朋友，但就是放不开自己去认识别人。她总觉得身边人的物质条件都很好，自己和他们差距太大，觉得自己与这个世界是格格不入的。

心理解读

自卑是一种不能自助和软弱的复杂情感，可以说是一种性格上的缺陷。具体表现为对自己的能力、品质评价过低，同时还伴有一些特殊的情绪体现，诸如害羞、不安、内疚、忧郁、失望等。

自卑的前提是自尊，当人的自尊需要得不到满足，又不能恰如其分、实事求是地分析自己时，就容易产生自卑心理。自卑的产生原因有很多，与个人性格特点、成长经历、社会文化、家庭经济等因素都有关系。近几年，由于家庭经济因素而产生自卑的年轻人人数有增加的趋势。

心理自愈

想要战胜自卑心理，有以下6个方法。

1. 认知法

认知法就是通过全面、客观的认识，辩证地看待别人和自己。每个人都有自己的弱点和优点，我们应该坦然地接受自己的优点，并且不忌讳自己的缺点。这样就能正确地与人比较，在看到自己不如人之处时，也能看到自己的过人之处。

最重要的比较是自己跟自己比。每个人应根据自己的兴趣、爱好、能力、特点等来确立自己的事业和人生道路，并为之发奋努力，不断进步，最后实现人生的价值。这样的人生才是积极、有意义的。

2. 作业法

作业法就是通过做一些力所能及、把握较大的事情来积累信心，消除对自己能力产生的怀疑，从而克服自卑的方法。有自卑感受的人多性格内向、敏感多疑。因此，战胜自卑就要多表现自己，从锻炼自己的性格入手。

有自卑感的年轻人应多参加集体活动，在活动中培养自己的坚韧性、果断性、勇于进取等优秀品质，树立自信，逐步克服自卑心理。表现自己时，期望值不要过高，也不要操之过急，要循序渐进地锻炼自己的能力，逐步用自信心取代自卑感。

3. 补偿法

补偿法即通过努力奋斗，以某方面的成就来补偿自己身心的缺陷。人的某些缺陷和不足，不是绝对不能改变的，而要看自己愿不愿意去改变。只要找到正确的补偿目标，就能克服自身的缺陷或者从另一方面得到补偿。勤能补拙，扬长避短就是这个道理。

4. 领悟法

领悟法即让有自卑感的人可以主动求助于心理咨询师，进行心理咨询和心理分析治疗。其要点是在心理咨询师的帮助下，通过自由联想和对早期经历的回忆，经分析找出导致自卑的深层原因。

经过心理分析，求助者会领悟到自己之所以有自卑感，并不是自己的实际情况很糟，而是因为自己有潜藏于意识深处的症结。自卑者会发现让过去的阴影影响今天的心理状态是没有道理的，从而有豁然开朗之感，并最终从自卑的阴影中解脱出来。

5. 暗示法

暗示法就是个人通过积极的自我暗示、自我鼓励，进行自助的方法。人的自我评价实际上就是人对自我的一种暗示行为。它与人的行为之间有很大的关系。消极的自我暗示导致消极的行为，而积极的暗示则带来积极的行为。每个人的智力相差都不是太大，我们在做事的时候，就应不断地暗示自己，别人能做的我也一定能做好。

始终坚信"我能行""我也能够做好"。成功了，自信心得到加强；失败了，也不应气馁，不妨告诉自己"胜败乃兵家常事，慢慢来我会想出办法的"。

6. 训练法

训练法的具体做法如下：

思考如果你是演员的话，愿意扮演什么角色，以及为什么扮演这个角色

把第2和第3综合为你自己所选择的性格

去表现你的新个性

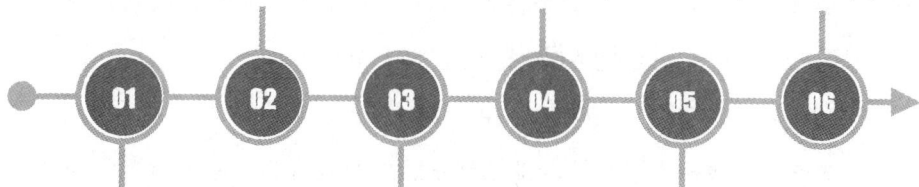

01 **02** **03** **04** **05** **06**

向4个熟人询问他们对你的印象，考虑你是否喜欢他们的回答

选择一个你所崇拜的人，列出他身上使你崇拜的特征和品质

改变你对自己的形象、行为、个性中不满意的东西，强化喜欢的东西

要提醒你的是，不要认为按照上述的做法就能很快成功改造自己的性格，在此之前，还必须以自己性格的内核为基础。

（二）孤独没什么不好，不接受孤独才不好

没人喜欢你，没人搭理你，没人约你，没人站在你的角度思考问题；没人等你，没人陪你，没人想到你，没人站在你的身后鼓励你，这些都不值得抱怨，这些只是我们生命中一件又一件再自然不过的事。人都是孤独的，孤独并不可怕，可怕的是因为惧怕孤独而做出违背自己本心的事。

心理解读

当一个人处在青春期，特别是青春期中期（二十岁左右）的时候，会有一种难以遏制的孤独感。这是因为随着心理和生理发育的成熟，独立的愿望愈加强烈，是这种独立的愿望驱使自己想摆脱对父母的依赖；另外，自己还没有自己固定的社交圈子，经济还不能独立。

这是一种没有着落的状况，所以孤独感就无可避免。随着成长的推进，这种孤独感会慢慢变弱，或者被另外的原因引起的孤独感所代替。

解决这种孤独感的方法就是与人群进行充分的交流。要客观地把自己当作人群中的一员，这样就会减少孤独感。

（三）孤独时迷茫，孤独后成长

我们必须承认生命中大部分时光是属于孤独的，努力成长是在孤独的旅途里进行的最好的游戏。

每一个优秀的人都有一段沉默的时光。那一段时光是自己付出了很多努力，忍受孤独和寂寞，不抱怨不诉苦，日后说起时，连自己都能被感动的日子。没有相当程度的孤独是不可能有内心的平和的。

想要摘星星的孩子，孤独是人生的必修课。

王娜娜是某重点大学数学专业的博士，回想起自己多年来的求学经历，她也曾深刻地感受到孤独。

考硕士那段时间，每天早上 5:00 闹钟准时响起，她以最快的速度起床、洗漱、冲出房门，到校园寂静的地方朗读英语，早饭后直奔教室，开始一天的复习。她每天很少和室友说话，每天晚上回到宿舍时舍友都已经睡了。

在她的博士毕业庆典上，有人问她拿到博士学位是什么感觉呢？她委婉地回答："对于女人来说，学位服的意义仅次于婚纱。而婚纱只能美丽一时，学位却是一辈子的骄傲。"这人又问她："默默做这么多年学问，是否会感到孤独呢？"她回答："开始曾有过孤独的感觉，但逐渐就习惯了，后来甚至很享受孤独。因为几年专心致志的学习和沉淀，让自己感到非常充实。"

二、年轻不要与全世界为敌

你的喜怒哀乐都是微小的事情，因为世界之大，你总是轻易就被淹没在人群中，淹没在更多不同的表情里。你在落泪，而周边的笑声那么大；你微笑，可是在一片静默里，你始终笑不出来。不是悲观，是希望，你知道生活总是要我们放低自己，融入这个世界中。永远做自己，可是永远不要与世界为敌。

我们必须承认一个事实，那就是我们无法从根本上彻底地切断自己与这个世界的联系，与其说是与世界为敌，不如说是与自己为敌。你以为你抛弃了全世界的时刻，其实就是你被全世界抛弃的时刻。

（一）抱怨世界不如改变自己

不要觉得整个世界都充满了深深的恶意。当你经历风雨，回头看那些曾对你傲慢的人依旧如襁褓中的婴儿般脆弱时，你会发现这个世界给你的不如意并不只是那么简单。完善自己去适应这个世界，而不是与全世界为敌。

刘悦是一个工作了 3 年的"90 后"女孩，有理想、有朝气，对待工作有着超乎想象的热情。过去几个月，她天真地以为自己是公司里最不可缺少的那个人，所以为公司没日没夜地工作，甚至影响了自己的健康。

刚进公司时，周围的同事们都对她很好，但是后来她发现所有的人都不再照顾她，甚至疏远她。她并没有在意，觉得只要努力工作就可以得到所有人的认可和尊重。

可是事实却并非如她想象的那般，有一天她突然被调岗，去了公司最空闲也最不重要的部门。她觉得自己受到了不公平的待遇，心里充满了委屈与愤怒。她想找同事倾诉自己的不满情绪，可是没有人愿意接近被"打入冷宫"的她。她觉得无论走到哪里，都会听到别人的议论纷纷，看到别人对她的指指点点。

渐渐地，她心中的愤懑上升到了极点，转化为一种怨恨。她觉得身边的每个人都势利丑恶，虚伪做作，如果没有他们，自己一定会施展才华，成为精英。她想站在众人面前，把他们每个人都骂一通，以发泄内心的不满。

心理解读

怨恨是一种负性情感。正常的个体也会因琐事而滋生怨恨心理，但是大多经过个体自身的排解或他人的心理帮助会很快恢复正常，并不会对其身心产生不良影响。如果对这种负性情绪不进行及时控制，个体一旦滋生怨恨就会不可避免地给自己的身心发展带来危害。

心理自愈

想要化解这种心理上的失衡，有以下3个方法：

```
                    ┌─ 1 ─── 正确的自我评价 ───────┐

化解心理失  ─────── 2 ─── 探索"事故"的根源 ─────

衡的方法            └─ 3 ─── 放松 ────────────────┘
```

1. 正确的自我评价

情绪是伴随着人的自我评价与需求的满足状态而变化的。所以，人要学会随时正确评价自己。有的人就是由于在自我评价得不到肯定，某些需求得不到满足时未能进行必要的反思，以及未能调整自我与客观之间的距离的原因，因而心境始终处于郁闷或怨恨的状态，甚至悲观厌世，最后走上绝路。

2. 探索"事故"的根源

分析内外因素，看看是什么造成了现在的问题。我们既要分析自己：有自身的什么原因，有没有负面的想法，自己的能力可否面对等；也要分析整个事件：能够改变的和不能够改变的因素是什么。

3. 放松

放松就是保持生活的平衡。也就是说，除了工作事业以外还应该有很多同样重要的事情需要我们去投入和关注。只有当我们公平地给予我们的事业、健康、家庭、心理等同样的关注，我们才不至于在激烈的竞争中不小心在某一方面失去优势的时候，如同失去了整个世界。

（二）适度从众，不与全世界为敌

出众而不孤立，从众而不庸俗。标新立异并不是在哪里都会受欢迎，在适当的时候选择从众，既是顾全大局，也是保护自己。用质疑的眼光看待世界，世界无处不刺眼；以平和的心态看待世界，世界才会多姿多彩。

王远是一名刚毕业的大学生，被招到一家公司的人力资源部工作。王远性格外向，语言表达能力很强，很爱说。他对公司里许多事情都看不惯。在他看来，公司从理念到制度，从环境到伙食，从领导思想到员工风气，方方面面、桩桩件件都存在问题，有许多需要改进的地方。

于是他在领导面前或者在会上总是喜欢提出自己的批判性看法和观点，并进行充分的阐述，还喜欢对同事的工作提出建议。但让王远不解的是，同事们好像都不太喜欢和他交往，领导也对他不冷不热。

终于，一天他无意中听到了同事们的私下议论："那个姓王的，才来几天就了不得了，看什么都不顺眼，就像公司欠他 100 万元似的。"

听到这话，王远心中非常苦闷：自己只是揭露了不公平、不合理的现象，这些人原本就做错了，还不准我说话吗？

心理解读

经常对周围环境中的人和事物持质疑、否定态度的行为是轻度的偏执型人格的表现，严重者会演变为愤世嫉俗。这种人习惯于怀疑别人行为里的不好之处，并强调自己的与众不同，以此显示自己的存在感。

心理自愈

想要改变这种行为反应，就要从改变想法开始：

就事论事

对一件事情不满，不要牵扯到别的事情上

反问自己

自己的想法没有得到别人的肯定时，尝试问自己是不是这样的想法不合理，试着自己反驳自己

跳出受害者角色

许多和自身没有关系的事就不要强加给自己来管，想想自己已经拥有的东西，不要在乎太多还没有属于你的东西

三、不要总是等待，今天不走，明天就要跑

有人说青春是迷茫的，因为我们还看不到未来的方向。梦在远方，路却在脚下。现实告诉我们：一次的行动胜过百遍的胡思乱想，行动不一定成功，但是不行动一定会失败。

（一）"病态"的悠闲：还有明天

今天不走，明天就要跑。所谓的梦想，就是要行动，无所畏惧地行动，不计得失地行动，矢志不渝地行动。梦想经不起等待，等待只会消磨梦想的积极性，只有你不断努力地执着于一件事，才有可能成功。

肖倩是一名大三的学生。上大学以后，她开始有了拖延的毛病。立下目标无数，但时常动力欠缺，宁愿在网上浏览小说和帖子，或是玩在线小游戏，也不愿翻看跟自己学业相关的图书。哪怕离考试很近了，也只会在最后的期限之前因紧迫感而开始着手学习。这样一来，虽然学业上总体来说还算马马虎虎，但却离她自己的理想越来越远。总之，就是无法完全上进，又不愿彻底地堕落。

心理解读

对于有拖延症的人，最难得就是迈出第一步，只要下定决心并且不再拖延，就能克服懒惰。战胜了懒惰，就成功了一半。

要想改掉拖延症其实也不难，不妨合理安排工作任务，把日常必要的工作制定一份规范的流程出来，设定明确的时间表和完成期限。在工作中，必须不断提醒自己严格执行工作"时间"，否则就会受到惩罚，并且向同事和领导做出工作保证，让别人的压力成为自己勤快工作的动力。坚持一段时间，相信拖延症就会有明显的好转，工作效率也会大大提高。这时候仔细对比拖延和勤快的利弊得失，心中自然就会有一个明智的选择。

（二）哪有没时间这回事儿

很多事情不得不做，很多事情想做但从未去做，很多事情做了但坚持不下来；总感觉自己很忙碌，但想不起来到底做了什么；大量的时间被他人占

用，剩下的时间被自己浪费；早上起不来，晚上不想睡，缺乏锻炼，没空学习，做事效率低，生活不规律；一堆坏习惯想改改不掉，别人身上的好习惯想学学不来。

你总是以"没时间"为借口解释今天的碌碌无为，然后日子就在等待中被过成了省略号。实际上，哪有没时间这回事。

王硕是一家公司的白领。某个星期三，领导布置一篇文案，要求他一个星期内交。一开始，王硕觉得时间还早，没放在心上，等想起来的时候，离上交文案的日子只差一天，可偏偏这天，手头上的工作很多，白天也没时间写。他只好跟领导说，自己晚上加班，保证让领导能准时看到文案。下班后，他开始熬夜找资料、查数据，3 000字的文案写完时，已是凌晨3:00了。

王硕说做事拖沓的毛病他一直就有。上大学时，论文总是要等到上交的前一天才急急忙忙开始写。如今工作了也一样，坐在办公桌前，先聊会儿QQ、微信、看看微博，其实他心里很清楚有事要做，却总爱先玩一小会儿。

除了工作，生活也是如此。下班一回家，王硕就先上会儿网、看看电视、吃零食，就是不想去洗漱，非要等到困得不行了，才肯起身。

心理解读

人的注意力极容易被分散，面对信息量庞大、更新快、没有时间限制、可消遣娱乐或打发时间的网络，人们花的时间越来越多，部分人的拖延症随之而生。

拖延还有一些职业上的差异，比如记者、文字工作者更容易拖拉，而完美主义者也是"不拖不舒服"的高发人群。他们共同的心声往往是"多给我一些时间，我能做得更好"。

心理自愈

应对职场拖延症，从心理学的角度来说，可以尝试以下 3 种方法：

应对职场
拖延

● 用奖励来激励自己

● 你老板在看着你

● 有人在等着你的工作

1. 用奖励来激励自己

你可以给自己鞭策，也可以给自己奖励。比如，坚持一个星期没有拖延，就请自己吃上一顿最爱吃的美食，作为继续坚持下去的动力。

2. 你老板在看着你

在商业环境节奏越来越快的今天，大至企业，小至员工，要想立于不败之地，就必须奉行"把工作完成在昨天"的工作理念。没有哪个老板能够长期容忍办事拖拉的员工。要想在职场中一帆风顺，最实际的办法就是让手中的工作及时消化，对老板交代的工作争取早日完成，让老板放心。

3. 有人在等着你的工作

在团队中有时候工作不仅仅是一个人的事，更多时候需要配合别人，或寻求别人的支持。当拖延症泛滥时，提醒一下自己团队合作意识要高于个人意识，用勤奋战胜懒惰。

四、碰运气的人为什么总是碰不到运气

马云曾经说过："永远不要跟人比幸运，我从来没想过我比别人幸运。我也许比他们更有毅力，在最困难的时候，他们熬不住了，我可以多熬一秒钟、两秒钟。"的确如此，幸运总是眷顾踏实肯干的人，而碰运气的人却总是碰不到运气。

（一）投机取巧不如脚踏实地

人的聪明绝不在于投机取巧的能力高低，而在于脚踏实地，在于善良、勤奋、认真、守信和对正义、真理的执着追求及坚守。你可以踏上投机的道路，但绝不会因为善于投机而成功。人生不是一场短跑，而是一场漫长的长跑，投机取巧者虽然可以暂时领先，却难以笑到最后。

曹凯文是某职业经济学院大四的学生，想通过炒股碰碰运气捞一把。"为了方便，父母每次都会把一年的生活费寄给我，看着身边的朋友在不太懂股票的情况下都能赚钱，心想自己也不至于那么倒霉，索性投进去试试看"，他坦言。

曹凯文一次投入了4 000多元，结果很"不走运"，遇上股价连续下跌，几天下来就赔了500元，吓得他赶快"逃离"股市。虽然对股市风险早有心理准备，但是真正遇上的时候他还是不知所措，深受打击。

心理解读

侥幸心理，就是无视事物本身的性质，违背事物发展的本质规律，违反那些为了维护事物发展而制定的规则，认为根据自己的需要或者好恶来行事就能使事物按照自己的愿望发展，直至取得自己希望的结果。

侥幸心理是人人都会有的，只是脚踏实地的人不太会在意自己的这种心理，他们更看重通过实干取得的成就；而一些心存侥幸心理的人，则比较容易相信自己的运气。一般侥幸心理重的人，生活态度通常来说都不是很积极。

克服的方法就是冷静理智地分析，敢于面对复杂的人生不逃避，努力壮大自己。在做出决定前，要把可能遇到"万一"的情况都想清楚。

（二）抓住机遇就是最大的运气

不要忌妒好运的人，运气是努力的附属品。没有经过实力的原始积累，给你运气你也抓不住。上天给予每个人的都一样，但每个人的准备却不同。不要羡慕那些"撞大运"的人，你必须很努力，才能遇上好运气。一个人若是每次都能把握住机会，那他的运气一定非常好。

马昆在学校里是一个很活跃的人，一直被朋友们十分看好。可是让朋友们吃惊的是都毕业几年了，马昆还是经常跑人才市场；而更让朋友们大跌眼镜的是上学时默默无闻的孙亮，此时已经成为一家日化用品公司在华北地区的市场总监。这是怎么回事呢？让我们先来看看他们这几年的工作经历。

离开学校后，马昆应聘做了一家宾馆的大堂经理。由于爱耍"小聪明"，所以刚开始很受重用。可没过多久，他的那些小把戏就被一一拆穿，老板马上就将他"冷冻"起来，无奈之下，他只好卷铺盖走人。之后，他又进了一家中德合资企业，德国人严谨实干的作风当然又是马昆不能"忍受"的。他后来又在其他外企工作过。可还是没做出什么名堂来。

孙亮则不同。大学毕业后他就进了一家日化公司的销售部。之后，他勤奋工作，默默地积累工作经验。他对行业渠道的熟悉程度使上司很是赏识，对公司产品更是了然于胸，他的能力很快得到上司的肯定。当该公司华北地区市场总监的位子空缺时，公司总部立马就给他升职。有人说他很幸运，但是这份幸运却是他通过努力换来的。

五、为什么在现实中内向，网上却很活跃

在信息技术高度发达的环境下成长起来的"90后"，人际交往除了通过电话、短信、QQ及微信等方式，线下聚会也很受欢迎。许多人在现实中非常内向，但在网上却十分活跃。为什么会出现这种现象呢？

就读于某师范大学的江小严平时过的就是"两点一线"的生活方式。除了正常的上课时间外，其余时间他就在宿舍上网逛论坛、写微博、看电影，现实生活中经常联系的朋友数量也几乎为零。在网上聊天时，他显得很热情，也很会打招呼、寒暄，让人丝毫觉不出他是个内向的人。

当被问起为什么他在现实和网上反差这么大时，他这样回答，在网络上
他觉得自己很轻松，可以和好友
们畅聊心事。但是却很讨厌在现
实中和别人打交道："我不太喜欢
和爸爸妈妈出去，尤其是参加他
们的朋友聚会，有时感觉自己连
个'叔叔、阿姨'都很难叫出口。
不过在网上，只要不面对面，我
可以表现自己。"

心理解读

许多"90 后"都有在网上积极活跃，而在现实生活中不善言辞的现象。
这种行为可以称为"社交恐惧症"，产生这种行为的原因大概有以下两种。

在学校教育上，"90 后"接受的大多是灌输式的教育。基本上都是老师讲、
学生听，部分教师也不太鼓励学生有自己独立的思想，这就造成了部分人群
在与人沟通和人际交往中缺乏主动性。

在家庭生活中，"90 后"这一代大多是独生子女，缺乏和兄弟姐妹的交往
经验，课后也缺乏玩伴。没有兄弟姐妹的他们缺少最初人际关系的"标杆"
和如何处理与人相处问题的经验。他们主要的交往对象是成人。然而，和大
人的交往模式中，孩子多是被宠爱和关注的一方。这一交往经验很容易被类
推到和同龄人的交往中，或者说正因为很多"90 后"把这一交往模式应用到
与同龄人的交往中，才出现了社交困难。

心理自愈

对于已经社交弱化的"90 后"们，建议从培养生活能力入手，重视非智
力素质的提升。要走出自己的世界，多参加社交活动，通过与人面对面的交
流更好地处理自己的个人事务，从而逐步树立对生活和人际交往的自信。还
要尽可能缩短接触电视和网络的时间，回归到现实的生活环境中来。

六、你给自己的社会角色定好位了吗

英国戏剧家莎士比亚说："全世界是一个舞台，所有的男人和女人都是演员，他们各有自己的入口与出口，一个人在一生中扮演许多角色。"的确，人生如戏，戏如人生。在社会的大舞台上，每一个角色都赋予了我们特定的责任和内涵。我们需要做得就是扮演好自己的角色，做好该做的事情。

于华今年23岁，毕业后来到一家生产五金器材的工厂工作。带他的师傅经验丰富，专业技能过硬，多次被评为厂里的先进模范工人，但于华总觉得师傅没什么了不起的——小学文化，没受过什么高等教育，只不过十几岁就当工人，经验丰富罢了。

有一天，于华调试了几台机器，便到了下班的时间。后来另一个车间有个机器需要调试，工人找到了他，他拒绝了，理由是他的工作已经完成了，说完他就快速地溜回了宿舍。后来，工人只好找他的师傅去调试机器。

第二天，师傅说到此事，本想教育他做事要主动，改掉在学校时那种被动式的学习方式。他却对师傅说："你为什么不让其他人去调试啊，你都一把年纪了。"师傅立刻变了脸色，严厉地对他说："如果自己都不干，还有什么资格让别人来干？你要是一直抱这种态度工作，就等着卷铺盖回家吧！"

于华一直觉得自己是受到学校和家长宠爱的优秀生，怎么容得了师傅这样数落，于是他与师傅吵了起来，最后居然还撂挑子不干了。

心理解读

在心理学和社会学中产生了"社会角色"这一概念。社会角色是个体与其社会地位、身份相一致的行为方式及相应的心理状态的表现。它是对特定地位的个体行为的期待，是社会群体得以形成的基础。

并不是每个人、任何时候都能清楚并扮演好自己的社会角色。人们在角色扮演过程中常常会产生矛盾、障碍，甚至遭遇失败，这就是角色失调。一个人如果对自己的角色认识不清，必然会对他的生活产生很大的影响。

心理学上将角色失调分为以下几种情况：

角色中断

角色冲突

角色不清

角色失败

很多年轻人，由于缺乏对社会的认知，缺乏对自身角色的认识，不能很好地理解人生角色的内涵，不能顺利地进行角色转换。在从"校园人"到"社会人"的转变中，年轻人应该意识到，是时候将自己的学生角色转变成职业人的角色了。过去以学习为主，现在以工作为主。

心理自愈

增强自己的角色意识，首先需要认识到现实与理想的反差，其次要培养以下3个方面的能力：

1．培养自己的独立生活能力

工作后，衣食住行等全部事务都要靠自理。所谓的"啃老族"们其实就是一些遇到了社会角色障碍的人。他们到了自立的年龄却一直"立"不起来，稍微遇到困难就依靠父母和家人来解决。这不仅不利于自身的成长，更会影响人生的成功。

禁止啃老

2．培养自己的忍耐能力

忍耐力是指忍受疼痛和苦难的能力。社会要求我们具有忍耐能力，在关键的时刻，能屈能伸。年轻人最容易犯的错就是"能伸不能屈"，只希望社会适应自己，而不懂得自己主动去适应社会。

那些忍耐能力强的人更容易成功，因为他们能静下心，专注地做他们认为值得做的事情，不会受外界的干扰。

3. 培养自己的人际交往能力

社会与校园相比，人际关系的复杂程度是重要的区别之一。年轻人都有着较强的个性和极强的自尊心，如果不善于与人交往，不会与人沟通，难免将自己封闭起来，以致带来诸多烦恼与痛苦。年轻人如果不想处处碰壁，就必须要懂得一些人情世故，掌握一些交际礼仪和沟通技巧。

七、能开锁的并不是只有钥匙，要学会变通

现在流行一句话："自己选择的路，跪着也要走完。"但回头想想，一棵树被拦腰砍断后尚且能够长出旁枝继续生长，作为一个拥有高等智慧的人类，我们为什么总要一条路走到黑呢？生活已告诉我们此路不通，那就不要再往南墙上撞得头破血流。

人生道路上荆棘丛生，坚持固然重要，但也要学会变通。舍弃那些不符合实际的理想，适时地让理想转个弯，你便会有"柳暗花明又一村"的豁然开朗之感。变通是天地间的大智慧，从某种意义上讲，变通就是一种解决问题的新方法。

（一）不换脑子就换人

一条路，不可以跑到黑。在需要转弯的时候要转弯，在需要休息的时候要歇脚，在出现岔路的时候需要冷静思考才可以做出选择。选择错了不怕，怕的是明知道错了还要任性地坚持，固执地顺着这条路走到山穷水尽，走到时间尽头。遇事不会变换想法的人注定会被懂得变通的人取代。

耿瑞性格老实，做事循规守矩，很少变通，是公司的销售员。有一次他与某老板约好了，坐了5个小时的车去向他推销公司的产品。到了目的地，老板的秘书把他拦住了，说老板有事出去了，今天没办法见面。耿瑞颇为无奈，什么也没说就回去了。结果一连几天都是如此，生意迟迟谈不下来。

耿瑞的老板知道了这件事，就把这项工作分配给了另一名销售员。这名销售员到达目的地后也得到了秘书同样的答复。但是他眼珠一转，在秘书走后敲敲门就进了老板的办公室，老板果然就坐在里面，见他进来也没生气，只是说自己最近比较忙，只好推托不见客。

这名销售员趁机向老板推销了公司的商品，并搞定了订单。耿瑞的老板知道了这件事，认为耿瑞做事死板，不懂变通，连门都进不了，很难做好销售工作，于是便把他辞退了。耿瑞心里很不服气：人家秘书都说老板没在，我能有什么办法呢？这又不怪我。

心理解读

许多人在处理一件事时会习惯性陷入思维定式，而不会因时因事进行变通。事实表明，人们在过去所形成的对事物的认知习惯，会影响人们将来处理问题的方式。一旦这个人选择了一条途径，就会习惯性地走下去并且不断自我强化，这种表现就是固执。心理学家解释这种心理时，认为这是由认知失调导致的。

心理自愈

摆脱这种认知失调的方法有以下两种：

A 走出主观的立场	B 多方听取旁观者的意见
站在客观的立场，多角度、全方位思考问题	所谓"当局者迷，旁观者清"。集思广益，才更容易得到解决问题的办法

（二）灵活变通才能立于不败之地

能开锁的并不是只有钥匙，成功也不是只有一条路可以走。人生不可能始终一成不变，不适合自己的就没有必要坚持下去，思路决定出路，灵活变通才能看到不同的风景。

张涵娜是一名很火的脱口秀演员，在网络上拥有许多粉丝。但是在这之前她是演舞台剧的。因为体形不够好，也不够漂亮，那段时间对工作很没信心，宽宽的肩膀和并不苗条的身材经常成为她被导演嫌弃的理由，可以说她在舞台剧领域是没有什么发展的。

好在她是一个懂得变通且聪明的女孩。她发现自己具有幽默的口语表达能力，并根据自己的特点为自己选定了新的方向——脱口秀。事实证明她是正确的。她参加了一档关于演讲的综艺节目，并取得了不错成绩，节目完成后她还接拍了一个网络广告，获得了网友的好感，并成为当下炙手可热的网络红人。

张涵娜如今自信地说，过去她演舞台剧时的那些不够好的地方，现在反而成了她的特色，成为她在脱口秀节目中有力的武器。

心理解读

现代人有很多心理上的困扰都是来自工作的压力。当你觉得所从事的工作已经给自己的生活和健康带来严重的生理和心理负担时，就要想办法改变，不要再固执地坚持下去了。

想要缓解这种工作带来的压力和苦闷，可以进行以下的思考和心理调整：

1. 思考这种"坚持不下去"的感觉

"工作坚持不下去"的感觉是不是一时的冲动，还是思考了很久。有的人是在遇到了工作难题，就萌生了坚持不下去想离职的感觉，静下心来，想办法去解决了这一难题，工作又可以继续。这种情况下，需要自己去调整自己，充分合理地利用自己和公司的资源去解决问题。

如果不是一种冲动，那很有可能是你已经厌倦这份工作。如果你觉得现在的工作无法让你提升和进步，你就必须要想清楚离职之后你想从事什么工作，这份工作需要什么样的要求，你有没有这个能力等，否则你会一直都徘徊在这种自己厌烦的工作中，让自己很纠结，影响心情及工作效率。

2. 清楚地认识自己的优缺点

每个工作都有各自的特点，需要的能力也不一样。因此，你需要清楚地认识自己，有哪些优势，缺点又在哪里。这样有助于自己树立目标，并能想到提升自己、充实自己的办法，最终实现自己的目标。

八、要行动，而不是生活在梦想里

读过这样一个故事：一个人跑了三天三夜，翻山越岭去见心爱的女孩，等他见到她的时候，发现她站在家门口望着路的尽头等了三天三夜。你说，谁付出的比较多呢？或许是女孩吧，但是假如这位男孩不付出行动来找她，也像她似的站在家门口等，那么他们是不是永远也无法相见呢？

生活不会因为你想做什么而给你报酬，也不会因为你知道什么而给你报酬，而是因为你做了些什么才给你报酬。一个人的目标是从梦想开始的，一个人的幸福是从心态上把握的，而一个人的成功则是在行动中实现的。思想决定行动，行动决定未来。

（一）宁可做过，莫要错过

下载各种名著电子书，可从来不读；转发健身教程，但从来不锻炼；分享励志鸡汤，只感动却没行动。人经常犯的错误就是说得比做得多。只有让行动的数量超过梦想的数量，才会给未来增添筹码，给生命增添分量。不要说"等一下，我还没准备好"，永远没有准备好这回事，现在就放手去做！宁可做过，莫要错过。

张瑶是一名年轻的教师，最近她被通知要上一节公开课，到时会有非常重要的上级领导来旁听。她顿时感到心理压力很大，对这项艰巨的任务也有些信心不足。

张瑶的梦想一直是当一名优秀的老师，这次公开课也正是千载难逢的机会。但是她又觉得自己还没有准备好，她怕把这次的公开课搞砸，害怕会丢人，害怕给领导留下教学能力差的印象，她想如果这样还不如不尝试。

她担心自己所带的班级的同学理解能力偏低，使她无法讲出深度来。想要借用一下整体素质较高的班级来讲课，又怕时间太短，磨合不好，没有默契。最终她找了一个借口，向领导推掉了任务，放弃了这次机会。周围人都替她可惜，她自己想想也觉得非常后悔。这种犹犹豫豫的心态让她很纠结，工作也没有很大的突破。

心理解读

从心理学角度看，办事优柔寡断，前怕狼，后怕虎，是意志薄弱的表现，即意志欠缺。它的典型表现就是容易被外界所影响，感情脆弱，胆小怕事，缺乏主见，无法做出决定来采取行动，即使已经决定，也常常反悔。尤其是面对多种选择时，更是惶恐不安，束手无策。

这种心理障碍产生的原因，是内在和外在两种因素造成的，具体如下：

内在因素	外在因素
由于涉世不深，年轻幼稚，许多事情被父母包办代替，缺少实际锻炼，或者是由于性格懦弱，缺乏主见，容易受到外界的影响	受过选择失误的挫折，形成消极心理暗示。有的是家教过严，胆小怕事，唯恐选择失误遭埋怨受指责。这种犹豫心理往往是在人生观的形成时期受到外来刺激，导致性格扭曲而造成的

心理自愈

想要克服犹豫心理从而下定决心做出行动，可以尝试以下4种方法：

1. 在做决定时不受是非观念的左右

犹豫心理实际上是一种习惯于以是非标准衡量事物的直接结果。面对选择的事物，总希望做出正确的选择，并以为通过反复斟酌选择就能避免失误，因此才犹豫不定。如果不受是非观念的左右，不必担心别人埋怨，就能轻而易举地采取行动。为消除犹豫心理，不应将各种结果单纯地视为对的或错的，好的或坏的，只是当作是不同的认识角度下不同的选择即可，这样就能克服犹豫，大胆行事了。

2. 要明确自己选择目标的目的性

将目标确定了，就会有个主心骨，不至于被环境弄得无所适从。因此在处理较为重要的事情之前，一定要做好准备，明确目的。

3. 要善于应变，遇事不乱方寸

任何事情都不是单纯的，"智者千虑，仍有一失"，考虑得再细致，事到临头也会有些意外的情况。这对意志薄弱者最容易陷入犹豫的陷阱。因此需要冷静，需要遇事不慌。要用意志来约束自己，排除干扰，避免选择的失误。

4. 不要听风就是雨

由于人的文化素养不同，生活阅历有别，爱好、兴趣也不一样，对任何事情出现不同看法是正常的现象。而犹豫者最容易在这种不同看法面前吃败仗，所以对来自不同角度的不同声音，不必盲从，不必随声附和。只要相信自己选择的是正确的，就义无反顾地去行动，不必在意闲言碎语。能抵挡外界不同的声音，也是走出犹豫误区的标志。

（二）没有行动的梦想只能称为梦

唯有梦想才会让你不安，唯有行动才能解除你的不安。有行动的梦想才能称为梦想，没有行动的梦想只能称为梦。

董晓萌的梦想是成为一名成功的电商卖家，在各大购物网站上开多家连锁店，赚很多钱。她无论是上班还是下班时间，都会不由自主地走神，设想自己的网店是多么受欢迎，如何日进斗金，可事实上她连卖什么东西都还没想好。董晓萌经常花大把时间在购物网站上漫无目的地闲逛，渴望找到思路，可总是被琳琅满目的商品所吸引，不知不觉中买了一大堆东西，却从来没有深入地研究过网店的经营方法。

心理解读

"白日梦"是指清醒时人的大脑内所产生的幻想及影像，通常是开心的念头、希望或野心。"白日梦"不是梦，只是一些持续的不切实际的幻想。喜欢做"白日梦"的人通常喜欢空想而不去行动。"白日梦"是思维和意识的产物，具有一定程度的可控性。

想要实现"白日梦"，就要脚踏实地，从每一步行动开始具体做法如下：

1 坚定追逐梦想的决心，迈出行动的第一步。

2 为梦想列出详尽计划。罗马不是一天建成的，梦想也不是一天就能实现的。稳健地迈好每一步，梦想才会逐步实现。

3 坚持不懈。不想梦想半路夭折，就要找准方向，马上行动，并且坚持到底。

九、机遇只会偏爱有准备的人

有些事不要等，等就是迟到。万事俱备，东风就来了，这叫机遇；东风来了，毫无准备，这叫遗憾，很多事还没发生其实早已开始。有眼光的人，总能从一些现象中捕捉到这些事情发生的可能性，从而早做准备，等到瓜熟蒂落之时便是他们的成功之日。人生很多失败，不是你做不好，而是你没把握住机会。

马克从哈佛大学毕业之后，进入一家企业做财务工作，尽管赚钱很多，但马克很少有成就感，沮丧的情绪经常伴随着他。他其实不喜欢枯燥、单调、乏味的财务工作，他真正的兴趣在于投资，做投资基金的经理人。

马克为了排遣自己的沮丧情绪，就出去旅行。在飞机上，他与邻座的一位先生攀谈起来，由于邻座的先生手中正拿着一本有关投资基金方面的书籍，双方很自然地就转入了有关投资的话题。他觉得特别开心，总算可以痛快地谈论自己感兴趣的投资了，因此他就把自己的观念，以及现在的职业与理想都告诉了这位先生。

这位先生静静地听着马克滔滔不绝，时间过得很快，飞机很快到达了目的地。离别的时候，这位先生给了他一张名片，并告诉他，欢迎马克随时给他打电话。

这位先生从外表来看，各方面都是一名普通的中年人，因此马克也没有在意，就继续自己的旅程。

回到家里，他整理物品的时候，发现了那张名片。仔细一看，马克大吃一惊，飞机上邻座的先生居然是著名的投资基金管理人！自己居然与著名的投资基金管理人谈了两个小时的话，并留下了良好的印象。他毫不犹豫，马上提上行李，飞到纽约，一年之后，他便成为一名投资基金的新秀。

心理解读

没有紧急压力就放松懈怠、懒惰拖延，这是一种缺乏主观能动性的表现。这种心理的人缺乏积极性，生活动力不足。

想要增加主观能动性，可以从以下 4 点入手：

1．积极进取，增强责任意识

建立起强烈的责任意识，坚决克服不思进取，得过且过的心态，把工作标准、精神状态、自我要求调整到最佳，养成认真负责、追求卓越的好习惯。

2．脚踏实地，树立实干作风

要提高执行力，就必须发扬严谨务实、勤勉刻苦的精神。要真正静下心来从小事做起，一件一件抓落实，一项一项抓成效。

3．只争朝夕，提高办事效率

要强化时间观念和效率意识。做每一项工作都要有效地进行时间管理，时刻把握进度，做到争分夺秒，赶前不赶后。

4．开拓创新，改进工作方法

要敢于突破思维定式和传统经验的束缚，不断寻求新的思路和方法。使执行的力度更大、速度更快、效果更好。

十、保持自我的本色，走出别人给你画的圈

生命的意义是掌握在自己手中的，不必用背叛自己的方式去成全别人的期待。想要保持自我，就要走出别人给你画的圈。生命只有一次，做你喜欢的事情。不要因为执着于别人的认同而使自己迷失。当你坚持自我时，你的心里就住着一个英雄。

于涵从小到大都是老师和家长心目中的好孩子。学习好，听话，不会给别人添麻烦。她在一片赞扬声中长大，因此已经习惯于以这种形象出现在人前。她小心翼翼地守护着光环，做任何事都尽力做到最好，渴望得到别人的认同。但是这些认同并不符合她的内心，所以不会给她带来丝毫优越感，反而成了一种负担。长久下来，她觉得生活的压力使她透不过气来。

心理解读

　　每个人对个人价值的确认都会从这两个层面进行：一是自我认同，二是社会认同。

　　这其中占主导地位的是自我认同，社会认同只作辅助和参考。但是如果一个人将社会认同看得重于自我认同，就会产生牺牲自我去迁就他人的行为。长久下来会给人一种虚无化的恐惧，以致在心理上无法承受。

　　想要摆脱他人的认同对你产生的控制，可以参考以下方法：

客观地评价自己：你是什么样的人，你有多大的能力，你喜欢什么，不喜欢什么只有你自己知道

当你遇到违背本心的事情时要懂得拒绝：只做你认为对的事情，你才能活得舒心、自然

思考自己真正想要什么：只有明确了目标，才不会被他人的想法所干扰

被情绪控制是青春，用情绪掩饰情绪是成长，能控制住情绪是成熟。这个过程需要我们不断提高自己的修为，丰富自己的知识，锻炼自己的心性，磨炼自己的意志，从而学会准确地判断，客观地评价，理性地决策，沉着地行动。

第二章

你的情绪存在"黑洞"吗
——情绪心理学

一、《黑色星期天》真的会刺激人产生消极情绪吗

《黑色星期天》创作于 1933 年，当时被称为"魔鬼的邀请书"。据官方调查，100 人以上因听了这首歌而自杀，因此它曾被禁 13 年。为什么这首歌有如此大的魔力？

心理学家们试图从作曲者的创作背景，结合自杀者的动机找出问题的所在，得出的结论是：自杀者与这部作品产生了情感共鸣。

这首曲子创作于作曲者与亲密女友感情破裂之后。作品中融入了太多悲伤和负面的感情。一个人的内心是可以通过媒介来影响并感染别人的。在这种情绪的影响下，许多具有相同生活经历的人也会产生相同或类似的情感反应，在心理学上叫作情感共鸣。

情感共鸣的作用既然如此强大，在心灵受挫时，我们又该如何处理呢？

心理解读

自己的心灵敏感点，自己是最清楚的。如果对生活中自己的情绪稍加留意，就会发现有些东西很容易触动我们。回忆并且留意会触动心灵的这些事物的特征，特别是令自己受挫的事物，当再次遇到时，试着避开它。

1. 养成正面解决问题的习惯

问题不会自己消失。很多烦恼就是因为我们执着于问题本身而产生的。当我们将专注力放在解决问题上，就会发现许多问题其实非常容易解决。当那些使我们产生受挫感的事情逐渐变成让我们有成就感的事情时，心理的承受能力同时也会提升。

2. 多接触美好的事物

听一些令人心灵放松的、轻松愉悦的音乐，看几场搞笑或温馨的电影，去郊外享受自然的空气……当你周围负面的因素变少时，美好的事物就会唤起心灵中愉悦的感受，心情也会在愉悦中放松。心理医学上讲，心灵的愉悦有助于身体的健康。

3．找到支持的力量

这个力量可以是音乐、画作，也可以是动物、人物。当然如果身边有一个可以随时给我们心灵打气的人，这件事本身就是值得开心的事情。那份安慰比任何药物都有效。

生活有起有落，从生到死的旅程有太多的风景值得去留恋。多贪恋一些乐事吧，让心灵也多一份快乐！

二、删除微博真的能一键"删除"坏心情吗

现在许多人有自己的微博，他们每天都能因为一些小事发微博，用以记录自己的生活，记录自己的情绪及多面的形象。而当他们情绪不好的时候，则会选择删除自己的微博，来缓解坏情绪。

但是一个小小的删除键，真的能"删除"一些坏心情吗？

心理解读

心理学认为，删除等同于消灭和清理。把心比作一个房间，各种心事和不快乐使屋内堆满了垃圾和灰尘，删除微博的行为就是通过删除动作来模拟真实的清除，打扫积压在内心的心理压力，属于无意识的释放。

心情不佳的根本原因是内心失去平衡，自我不满。通过之前发表的微博回顾当时的自己，当时觉得有趣的内容可能过后再看就认为无聊了。尽管自己的困扰在现实中可能很难改变，但这并不能阻止我们换种方式令自己过得舒服些。

删除自己不喜欢的东西可以缓解内心对自己不满的焦虑感，哪怕只是表面看上去很舒服。

所以生活中我们经常会看到，情侣闹分手喜欢清理合照、短信、电子邮件、有关的微博等。这些东西载满了回忆和感情，在吵架时却显得碍眼和惹人愤怒，在清除电子文件的过程中模拟与

对方切断一切联系。这样能让人产生强烈的快感，好像真的能一刀两断，告别过去得以重生。

删除微博也就是在进行自我心理暗示，清理掉让自己烦恼的东西，也是一种很好的心理保健方法。这也许就是很多年轻人不愉快时就会删微博的原始动机。

但是要提醒大家，用删除微博的方式排解坏情绪，的确是一种不会对社会和个人具有杀伤力和破坏性的温和行为。不过，微博记录的东西都是文字化的，删除了可就很难再找回了，所以发泄虽简单，可也千万要记得理智。

总而言之，删除微博是一种不错的自我调节心理健康的方法。如今大多数年轻人面临着沉重的压力和负担，因此在生活中就需要寻求发泄的途径。做好自己的心理保健，否则就容易引发心理问题。

三、在你的心中是否存在一些难以修复的伤痛

盘踞在我们心中的伤害和弱点在某个时刻会勾起我们的回忆，激起我们的情绪，引起我们的伤感。当你无法理解自己或身边人莫名其妙的伤感时，其实是不知道在自己或他人心中有一个难以修复的伤痛。

（一）记忆的伤引起心底的痛

每个人心中都有一些难以释怀的事，虽然我们以为自己已经忘记了，但

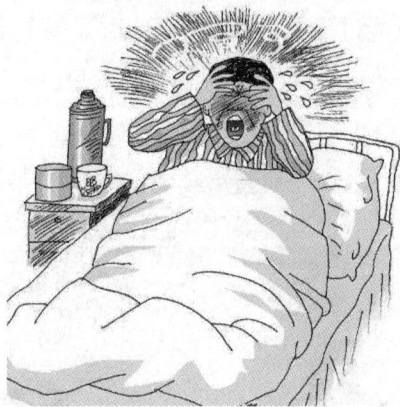

它总会在不经意时浮上心头，令我们莫名其妙的伤感，这时我们才发现，伤害还隐藏在内心的最深处。就像伤口虽然愈合，但疤痕还在，不小心碰到依然会疼痛。

然而问题能带来情绪，情绪却不能解决问题。面对消极的情绪，我们能做到的就是控制它，而不是一味地自卑自怜，使自己消沉下去。有情绪是一个人的本能，控制情绪就是一个人的本事了。

叶彤早上醒来，走到窗边，轻轻打开窗户，窗外的天阴沉沉的，一股冷风"嗖"地蹿了进来，她不禁打了个寒战，连忙关上了窗户，又坐回被窝里。就这么一会儿，手脚已经冰凉，她用双臂紧紧地抱着自己。就好像此刻有人抱着她一样，但是抱得愈紧，她却感到愈发冷了起来，心中一种难言的伤感迅速包围了她。

她以为，她早已忘记，可伤感还是在这个早晨莫名其妙地拜访了她。脑中浮现出他灿烂的笑容，以及他轻柔的歌声："每一天睁开眼，看你和阳光都在，就是我想要的未来……"叶彤的嘴角露出了丝丝微笑。可是，紧接着，他刺耳的"够了，我们分手吧！"的喊叫声及重重的摔门声在她耳边响起来……叶彤的心中仿佛被什么扎了一下一样，她闭上眼睛，两行泪水流到了她的嘴角，咸咸的……

心理解读

不论经历的是轻微挫折还是重大创伤，负面记忆都会真切地存储在脑细胞网络里，构成我们的无意识心理。在日后遇到某些环境的刺激时，这些记忆就有可能会突然跑出来干扰我们的思想，形成自动的负面情绪。

想要减轻负面情绪对我们的影响，甚至完全摆脱负面情绪的困扰，可以尝试以下 3 种方法：

1. 找到记忆中最痛苦的点，理智地分析原因

事情本身并不能引起情绪，引起情绪的是我们对这件事的解释和评价。思考为什么对这件事情放不下，有没有解决的办法，如果没有办法，再继续纠结下去除了让自己痛苦之外还有没有其他的意义。得出结论后，彻底地把事情放下，剩余的痛苦靠时间来冲淡。

2. 当你独处的时候，尽量找一些能让自己开心的事做

负面情绪就像无法驱散的黑暗，而喜悦则是消融负面情绪最好的光。当你被负面情绪笼罩时，去看一场搞笑的电影或者去一个你一直想去的地方。用喜悦冲淡伤感，分散自己的注意力。

3. 找一个值得信任的人，把压抑在心里的不愉快都倾诉出来

很多痛苦的情绪其实都是"见光死"，倾诉出来，你会舒服很多。

（二）性格弱点，让受伤的人总是你

往事已矣，不必再追，即便是在心中形成了"黑洞"，也会随着时间的推移慢慢修复。然而性格是伴随我们一生的，性格中的弱点才是我们心中最大的"黑洞"。正是这些弱点使得我们受到了某些人、事、物的伤害，并且有可能在将来再次给我们带来伤害、引起感伤。

陆婷是一个性格内向的女孩，平时心里话很少对别人说，即使受了委屈也总是一个人默默承受。

有一天她和她的同事晓玲因为一件小事吵了几句，她觉得很伤心。即使事情过了很长时间，晓玲把这件事情都忘了，陆婷也始终不能释怀。每当她遇到晓玲，就会想起当时的事情，在她心中晓玲已经被打上了"伤害过我的人"的标签，无论以后晓玲对她多好，她对待晓玲的态度都回不到当初。

心理解读

一个人的性格缺陷是可以逐步克服的。建议采取以下方法：

找出性格弱点

性格弱点自己不易发现，要多跟他人沟通，尤其是自己相熟的人。看看他们眼中的你是什么样子，与你的预想是否一致，找出偏差将有助于自我提高

时刻提醒自己要改变

从习惯入手，时刻提醒自己要改变。先从一点小事做起，再在生活中不断重复，不断去除性格缺陷

模仿学习

明确自己性格方面的缺点，找一个这方面存在明显优势的人，观察并模仿他的语言特点与行为方式，并争取与他成为朋友，使自己在不知不觉中被影响或改变

四、我们在被自己的母亲唠叨时为什么会变得情绪暴躁

当我们被自己的母亲长篇大论地唠叨时，我们的内心是崩溃的。母亲的声音就像"唐僧的咒语"，让我们的烦躁无处躲藏。然而越是烦躁就越需要冷静，一定要控制住自己的情绪，不要让你的情绪伤害到你最重要的人。

叶辰上大学时学的是金融专业，但是毕业后一直没找到合适的工作。一个偶然的机会，他接触了园艺行业，并深深地喜欢上了。他决定创立一个自己的鲜花品牌，并把它当作自己未来的事业。因此，叶辰不仅开了花店，还贷款承包了一块花田，每天侍弄花花草草，虽然辛苦，但很开心。

但是有件事让他非常烦恼，就是他的母亲并不满意他的工作，只要一有时间，就会劝他改行。她总是说你看看你李阿姨家的儿子，上的大学还没有你好，人家现在在事业单位工作，每天朝九晚五多稳定。你再看看你，成天种草养花，这哪是男孩子该做的事，你这样以后怎么找女朋友……每当这时，叶辰心里都会特别烦躁。

心理解读

研究表明：青少年和父母之间的小冲突很正常，而这也并不是孩子们的错。当面对母亲批评时，青少年通常会用情绪来回应，而他们的社会认知在这个过程中会有所减弱。此时大脑负面情绪的区域发生变化，如边缘系统的活动有所增加，大脑负责情绪控制及理解他人想法的区域有所减弱，例如，前额叶皮质的活动则有所减弱，导致青少年负面情绪突出。

解决这一问题可以从以下两个方面努力：

A 调整自己的心态

在面对父母批评时尽量保持心态平衡，可以用交谈的方式心平气和地表达你的想法，还要多从自己身上找找原因，而不是放纵自己被烦躁的负面情绪吞没。

B 向父母提出建议

找到合适的机会向父母提出建议，建议他们在表达对你的意见时可以换一种你容易接受的方式。此外，还要加强与父母的沟通，让他们了解你的想法，跟上你的思维。

五、不良情绪会传染，相互诉苦只会"愁上加愁"

当你失意想要倾诉的时候，请询问一下自己：你需要的是什么？你需要别人的宽慰和同情吗？每个人的痛苦都是独特的、深刻的，别人无法全部理解。不良情绪也是会传染的，相互诉苦只会让一个人的情绪变成两个人的烦恼。

徐然最近心情很不好，总是觉得很伤感。不是因为她自己发生了什么事，而是因为她最好的闺密晓阳和她的男朋友分手了。

晓阳是个单纯善良的女孩子，和她男朋友感情也一直很好，晓阳经常和徐然分享她恋爱里的甜蜜，徐然能够清楚地感受到晓阳的幸福。所以当晓阳抱着她大哭时，晓阳的痛苦也令徐然感同身受。

徐然对于这件事也无能为力，因为别人感情上的事她再了解也没有发言权，只盼着晓阳发泄后心情会好一点儿。可是一连几个星期，晓阳并没有从痛苦中走出来，听着晓阳对自己诉苦，徐然心里也很难过。徐然心想感情那么好的两个人都能分手，她又不相信爱情了。

心理解读

心理学家发现，朋友之间苦水倒得过多反而有碍问题的解决。这类过分沉迷和讨论同一个问题的行为，研究人员称为"共同反刍"。表面看起来很像

是分享，但"共同反刍"是把双刃剑，其行为带有潜在的传染，有可能导致不健康的情绪在团体之间相互传染。这也就是典型的心理学现象——"情绪传染"。

当人长期处于焦虑、悲伤或者其他激烈情绪中时，生理也会随之发生变化。如果常跟朋友相互诉苦，不仅是"愁上加愁"，真有可能让自己患上疾病。当烦恼使得心情糟糕的时候，不要刻意去压抑它，也不要跟人发短信、打电话问个不休，而应该找到问题的根源，试着去解决它。

可以走出房间活动一下，运动可以使人暂时忘却烦恼。比如瑜伽，在幽静的氛围中，倾听舒缓的音乐，在一呼一吸中，放松情绪。

或者把房间收拾得干干净净，整洁的空间也会给你带来一个整洁的心情。或是吃根香蕉，心理学家认为，食物和情绪之间存在着某种微妙的联系。比如碳水化合物可以在体内产生使大脑镇静和放松的化学物质；蛋白质可以帮助思维活跃；香蕉可以起到安神的作用。

如果有时间和财力，就去旅游，把自己放到青山绿水之中。没有恼人的工作，没有利益的纠葛，没有复杂的人际关系，这里只有天、人、水。这时烦恼就会被抛到脑后了。

六、莫名其妙地恐惧未来会如何，究竟有谁会知道

有时我们对未来的恐惧来自对未来的不确定，因而不想也懒于改变现状。然而，生活本该是丰富多彩的。去学习，去改变自己身上的不足，努力成为自己心目中的样子，用心体验生命里的每一天，这才叫成长，才叫真真切切地活着。

（一）别让未来的恐惧耽误了当下的幸福

一个人在对未来充满恐惧时，就会在现实中感受彷徨。然而未来是不确定的，我们能做的就是把握住每一天，再去创造一个美好的未来。活在当下，别让未来的恐惧耽误了当下的幸福。

江楠在一家上海的地产公司工作了两年。这两年里他工作勤奋，业绩很好，人际关系也相处得不错，很得老板的赏识。

最近，公司在北京成立了分公司，需要选派一批人到新公司工作。由于新公司刚刚建成，会有许多提拔的机会，所以许多同事都在积极地争取。江楠的老板一直都想给他多一些历练的机会，于是就把他推荐了上去。

然而，面对人人都想要的好机会，江楠不知所措。他已经习惯了上海这座城市的生活节奏，他无法想象自己在完全陌生的北京该如何工作和生活。他对未知的生活充满了担忧和恐惧，以至于现在工作都心不在焉。

心理解读

当人们在面对未知时，会本能地产生恐惧，但这种恐惧是可以通过自我调节来消除的，推荐以下4种方法：

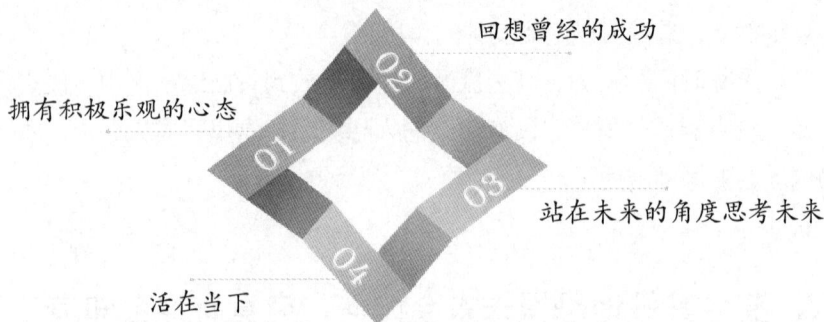

拥有积极乐观的心态　01

回想曾经的成功　02

站在未来的角度思考未来　03

活在当下　04

1. 拥有积极乐观的心态

我们应该在心理上准备并且愿意拥有成功、喜悦、惊奇、与他人之间的联系、美好的未来和绝佳的环境，并为之努力。

2. 回想曾经的成功

回忆人生的每一个阶段的成功，建立自信。用自己曾经的成功经历来激励自己，促进自己，帮助自己直面恐惧。

3. 站在未来的角度思考未来

许多困难在经历之后就觉得没什么大不了的。遇到令人害怕的未知时，站在未来的角度看待眼下的一切，心态自然而然就平和了。

4. 活在当下

认真地活在当下，会给你带来更多的安全感。生活充满美好与冒险，选择活在当下，不浪费一分一秒，对生活的多变心存感激，享受旅程。

（二）行动是治愈恐惧的良药

未来会怎样，谁也不知道。与其对无法预知的未来充满恐惧，不如现在努力，做到无怨无悔。行动是治愈恐惧的良药，而犹豫、拖延将不断滋养恐惧。但行好事，莫问前程。只要做好迎接风雨的准备，未来发生什么都在意料之内。

大学毕业后，时宜通过学校的招聘会进了一家公司。但是她发现这家公司的许多制度让她无法忍受，于是在拿到第 3 个月的工资时，她就辞职了。她只身来到了上海，希望能找到一份合适的工作，但是令她没想到的是，一段"黑暗"的日子就要开始了。

来到上海的 4 个月里，她一直在无止境地面试，可是还是没找到工作。那时候时宜觉得自己超级没用，对未来充满了恐惧，经常躲在租住的房间里面哭。她不止一次想要放弃，想要逃离这个城市，想要回家。

虽然时宜面临着吃了上顿没下顿的窘境，对未来也充满了恐惧，但好强的性格使她没有放弃，她把负面情绪丢在一边，调整心态，继续奔波在面试的路上。终于有一天，她接到了心仪公司的录取电话。半年后，她的存款已经到了 5 位数，并给家里寄出了 10 个月以来的第一笔钱。

七、是否一入秋季你就会莫名地感伤

自古逢秋悲寂寥。秋天给我们的印象总是满地黄叶，飒飒寒风，凉凉细雨。触景生情，总会有一丝伤感划过心头。可是这种伤感是从何而来的呢？为什么我们一到秋季就会产生这种莫名其妙的伤感呢？

苏眉最不喜欢的季节就是秋季，因为她最讨厌灰蒙蒙的天，满地的落叶和寒冷的天气。每当这时，她的心情总是莫名其妙的不好。

最近又到了秋天，苏眉觉得整天都打不起精神来。寒冷的天气让她什么也不想做，做什么都没心情。整天昏昏沉沉，浑浑噩噩。她也知道自己"消极怠工"不好，可就是无法消除心里的烦躁。

心理解读

秋季抑郁症又名"秋悲"，是一种季节性心理疾病。秋季抑郁的主要表现为：心情不佳，认为生活没有意思，高兴不起来；较为严重的则出现焦虑症状，食欲、睡眠等生活能力下降；精力缺乏、自我评价低、精神迟滞等。

秋季抑郁症通常起病于成年期，平均起病年龄是 24 岁，女性是男性的 4 倍。常年在室内工作的人，尤其是体质较弱或极少参加体育锻炼的脑力劳动者，以及平素对寒冷比较敏感的人，比一般人更易秋季抑郁。

秋季"情绪感冒"并不可怕，它像躯体感冒一样，经过心理治疗或配合适当的药物治疗是可以治愈的，下面介绍几种小方法：

加强日照和光照：阴雨天或早晚无阳光时，尽量打开家中或办公室中的全部照明装置，使屋内光明敞亮。人在光线充足的条件下活动，可调动情绪，增强兴奋性

扩大交际：扩大生活圈子，多交工作以外的朋友，培养兴趣爱好，舒缓工作上的压力

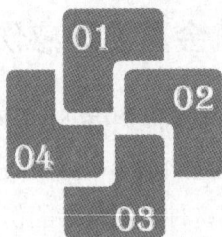

01
02
04
03

增加摄入糖分：阴天时，增加糖类摄入可提高血糖水平、增加活力、减轻忧郁。当然，糖尿病患者除外

多摄入 B 族维生素：复合 B 族维生素、谷维素等可调节精神情绪，咖啡、浓茶等有一定的提神作用，能减轻或消除忧郁现象。如果病情严重，要适度参照抑郁症的治疗方法，进行药物、物理和心理的结合治疗

八、下班后就沉默，你是怎么了

工作时，笑容满面思维活跃；聚会时，意气风发呼朋引伴；下班后却逃避各种社交，回到家连一句话都不想说……压力缠身、分身乏术的现代生活中，我们不知不觉地陷入了一种奇怪的交际状态。

"我并不是内向的人，以前也是爱凑热闹的性子，但最近好像越来越懒了，除了每天的工作，什么人也不想见、什么话也不想说"，销售经理林亮说出了他的苦恼。

心理解读

"选择性沉默"是一种心理上的疲劳，而压力太大可能是最主要的"幕后黑手"。生活中，有心理疲惫的并不少见。工作繁忙的职场人群、负担沉重的中年人、学业紧张的大中学生，很容易遭遇类似的困扰。

适当的"沉默"是一种自我保护，也是提醒自己需要放松的信号。可若长时间地"选择性沉默"，则可能打破心理平衡，导致孤僻冷漠、消极倦怠，加深人际关系之间的距离和隔阂，甚至诱发严重的抑郁情绪。

因此，无论多忙，每天也要留点儿时间给自己，听听音乐、看看电视、动动身体，让紧张的神经休息一会儿。

此外，朋友们在一起不一定每次都要大吃大喝、放纵消遣，可以一起去郊外散散心、欣赏一些高雅艺术，让相聚带来愉悦轻松的感受，成为一次心灵的按摩。

最后，家庭永远是最踏实的心灵港湾。多给家人一个温暖的笑脸、一个深情的拥抱，和他们一起做做家务、晒晒太阳，相信你会收到更多无价的回报。

总之，让自己多一点儿热情、多一点儿主动，别让沉默变成冷漠，伤害无辜的心灵。

九、为什么一觉醒来就感觉糟透了

有多少次你发现自己一觉醒来感觉糟糕透了，这是因为你的生活存在压力，你对生活存在不满。这时，你应知道，现在就是你改变自己的时候了，是你鼓起勇气去做那件你一直不敢做的事情的时候了，是你令自己明天醒来会感觉很快乐的时候了。

解洋在一家服装进出口公司做业务员两年了，公司的一切提拔和奖励只看一件事：销售额。解洋每天的工作不是在签合同，就是在见供应商、谈客户，长时间快节奏、高压力的工作让他觉得身心俱疲。

最近每当他早上醒来时，他都感觉非常糟糕。一想到今天要完成的任务量，他就会产生一种沉重的负担感。他担心自己不能如期完成任务，担心自己的奖金会泡汤。想到自己每天晚上都要拖着疲惫的身躯爬上床，睡不了几个小时又要起来奔波，他就忍不住抱怨。

每天早上爆棚的负能量让他一天都没有动力，他感觉自己什么都不想做，整个人都不好了。

心理解读

当你一觉醒来时，你的大脑会飞速地开始进行两项检查。一项是检查你前一天所积累和带来的种种问题，另一项检查则是你是否有任何恐惧或对未来的担忧，如果这两项中的任何一项出现问题，你醒来后就会感觉很糟糕。

首先，不要低估情绪累积的副作用。累积的负面情绪会在一定程度上影响你的余生。不仅如此，你的一个老问题可能已经深深地埋藏在你的潜意识之中，而之所以你埋藏它是因为揭开伤疤会让你感到很痛苦。

其次，就是你对未来的担忧，也会让你早上醒来感觉不舒服。你未来某一天是否有很困难的任务要做呢？你是否在担心你和你经理那天开会的结果呢？你是否在害怕未来呢？所有这些都是让你一觉醒来就觉得糟糕透了的因素。

此外，如果今日有某件事是个体很不愿意做或面对的，人们的心理防御机制就可能会启动一种叫转化的功能，把精神上的痛苦转化为躯体症状表现出来，借此逃避心理焦虑和痛苦，这时你也会感觉很糟糕。

知道导致你醒来后感觉很糟糕的可能的心理上的因素后，你就要试着去避免这些因素。建议就是学会如何与你自己的恐惧和担忧相抗衡，同时戒掉那个累积遗留问题的坏习惯，如果你能够做到这两件事，你就很少会在一觉醒来后觉得非常糟糕了。

十、一个游戏，却能让你玩一个通宵

不知从何时起，我们已经放弃了曾经规律的作息。通宵游戏的瘾仿佛一个可恶的"凶手"，扼杀了我们的睡眠。可是每当我们回想起自己奋战一夜的经历时，却会更加痛苦和后悔：为什么我能玩一夜的王者荣耀呢？这如果被别人知道还不得笑死！

"我并不是很喜欢玩王者荣耀，但我必须玩下去，我就是控制不住自己。"

张晓是一名大二学生，从晚上21:00到凌晨4:00，玩了7个小时的"王者荣耀"游戏。玩的初衷是自娱自乐，还教会了一个舍友如何玩，玩了整整7个小时！

支撑张晓玩7个小时游戏的内在原因是什么，本质答案是什么，她非常想知道，因为这并不是偶然事件，之前她就曾经有过玩"我叫MT"等游戏的不良记录。

心理解读

游戏瘾属于心理疾病的一种。因为游戏的刺激使我们的身体产生了兴奋激素，就像毒瘾一样，即使不玩了，只要一想到也会产生条件反射，从而产生兴奋感，以致欲罢不能。

想要戒掉小游戏的瘾，可以尝试以下3种方法：

1. 卸载小游戏，转移兴趣

不要犹豫不决，下定决心卸载小游戏。为了防止受不了诱惑再重新下载，可以尝试早睡早起，养成晨练的习惯。

可以多做一些除玩游戏以外的能让自己放松下来的事情，让自己的兴趣发生转移，认识到这个世界还有更多的、更丰富的、更有趣的和更有意义的事可以做。

2．列下学习计划

根据自己打算学习的内容做好学习计划，并要求自己先完成计划再考虑做别的事情，让自己的时间充实起来。

3．找别人监督

对身边的人说从今天起我不会再碰任何游戏，并让身边的人从旁监督。

一个人成熟的标志就是能够控制自己的行为，然而我们却惊讶地发现自己的行为已经越来越不受控制了。不知不觉中，我们的生活已经被各种各样的"软瘾"绑架，我们的时间已经被各种各样的"陋习"占用。然而，是时候约束自己了，从现在起学习行为心理学，和不良习惯说再见吧！

第三章

告别"软瘾"，拒作"瘾型人"——行为心理学

一、你是否沉迷于"软瘾"

社会压力加大与安全感的缺乏，使染上"软瘾"的人越来越多。沉迷于"软瘾"的人表面上看获得暂时的满足与短时的快感，实际上却被榨取大量的精力、财力或者更多。事后或许会有些后悔，当时却难以摆脱，所以珍爱生命，请告别"软瘾"。

杨晓卓在一家电子商务公司的销售后台工作，他的工作并不繁重，只需要大概 30 分钟刷新一次，看看有无异常交易或者订单投诉。有时则需要再做一些数据统计和销售分析。

但是他似乎有"强迫症"的倾向：每看一眼后台，就刷新一次微博，仿佛固定捆绑动作一般。还有就是一上班就打开淘宝页面，哪怕什么都不买，也要机械性地反复浏览。诸如此类的小动作很多：反复玩手机、频繁进出卫生间……他每天都花不少时间去重复这些与工作无关的动作。

由于杨晓卓的做事拖拉，导致他的办事效率很低，有时还会漏了统计，延迟提交分析报告的时间。对此，杨晓卓的老板对他很不满意。他也想改掉自己的习惯，可是他发现如果不做这些，时间就会变得非常难熬。

心理解读

何为"软瘾"？是指那些强迫性的习惯、行为，或是反复性的习惯、行为，也指反复性的情绪，它们与物质上的上瘾沉迷有所不同。

对网络的过度依赖也是一种"软瘾"。对于现代白领来说，"软瘾"几乎成为不可抗的办公室"集体无意识"，而这些"软瘾"患者大多长期处于职场"亚健康"状态。

频繁查看邮件或登录微博，每隔数分钟就必须刷新网页一次……尽管不少白领在办公室中对这些"小动作"习以为常，认为这是人皆有之，无伤大雅。然而，种种类似于"强迫症"的表现，长期下来会成为职场人士难以戒除的"软瘾"，严重时会对你的职业发展产生较大的负面影响。

"强迫症"的出现,与工作强度和个人工作态度有关,有 3 类人同属职场"软瘾"的易感人群。

第一类

工作不饱和的人。这类人有很多空余时间上网浏览。

第二类

工作极端忙碌,甚至连上卫生间的时间都没有的人。因为工作原因,需要大量信息,不掌握信息就焦虑。调查显示,对都市白领来说,最大的压力来自生活压力,排在第一位的是"购房"问题;排在第二位的是担心工作得不到上司的欣赏;排在第三位是有太多的工作需要完成。

第三类

想找人倾诉感情,但是实际交往能力不强,又没有什么知己,比较自卑的人。他们只能寻找一种"替代性满足"。掌握更多的信息,可以使他们在人际交往或者工作中获得更多的优越感和主动权。

上瘾者的生活满意度非常低。过度沉迷于这些不良习惯会让人远离真实的情感、生活。如果患上"软瘾",或有患上"软瘾"的趋势,不妨采用以下4 种方法调节自己:

1. 经常自我反省

下一次长时间坐在电脑前或很冲动地网购的时候,不妨问问自己这是不是过度了?这有没有干扰自己的生活?出现了什么事情?是什么激发了这种沉溺的行为呢?进而搞清楚自己真正的需求。

2. 下定决心去改正,但不要直接剥夺内心的需求

当你烦躁的时候,想要轻松一下的时候,不要总是上网搜寻八卦、灌水或偷菜,要选择一些其他活动来替代想要摆脱的"软瘾"。比如,练习一会儿瑜伽、去户外走走。建议选择自己喜欢的、能带来良好感觉的、能让自己恢复能量的活动。

3. 急于求成可能会适得其反，不妨逐渐地减少"软瘾"行为

戒除网瘾的专家建议适量减少上网时间，比如定一个闹钟，规定自己每次上网不超过30分钟，那么闹钟一响就立即关机，然后出去散步或约朋友小聚，总之远离电脑。

4. 建立与亲人、朋友之间的密切联系

多和亲人朋友一起，如果在与他人的沟通中给予并感受到来自他人更多的关心和爱，让生活更有意义，"软瘾"的吸引力自然就微弱了。

二、"手机成瘾症"：没有手机你就茫然无措

曾有人说，手机改变了整个社会。诚如此言，我们之中的大多数人都离不开它。出门没带手机就茫然失措，关了手机就失魂落魄。手机虽然给了我们极大的帮助，但也使我们患上了"软瘾"。不知不觉中，我们的生活都被手机束缚住了。

艾文觉得自己越来越离不开手机了。只要手机不在身边，整个人都不好了。她可以随身不带钱，但是一定要带移动电源，如果手机没电了，她就感到强烈的不安。担心自己收不到别人发的消息，错过重要的事情。

好友发的朋友圈的动态，她总是"秒赞"，如果五分钟之内没浏览空间、微信朋友圈和微博，她就觉得少了点什么。别人的手机充满电能用一天，她的半天都用不到。因为手机从不离手，她的工作效率非常低。积压的工作量让她觉得压力很大，但还是忍不住打开手机"排解"一下。

心理解读

很多人常常下意识地去确认是否随身携带手机或确认手机是否丢失。这种现象被称为无手机恐惧症，而且女性的比例高于男性。长时间玩手机不仅会影响视力，造成手抽筋、肌肉

酸痛、颈背部不适等身体问题,甚至还会出现"幻听""强迫症"等心理问题。想要戒掉"手机瘾",建议尝试以下 6 个方法:

1. 丰富业余生活

手机占据了我们太多的生活时间,所以想要减少玩手机的时间,就需要尽可能去丰富自己的业余生活。你可以尝试在闲暇的时候通过现实交流的方式多交朋友,多进行瑜伽、打篮球、跑步、深呼吸等运动,让生活充实起来的同时也可以放松身心。切记千万不要让自己感到无聊。当一个人无聊的时候,很容易拿起手机来填补内心的空虚。把自己充实起来,才没空理会手机。

2. 删除一些不常用的应用

很多人的手机上装了太多的 APP 应用,有购物、旅行、理财、游戏、微信、QQ 等。使用这些应用会占用你大量的时间。同时,很多商家经常会通过这些应用来推送信息,并且会以声音或者标记的形式提醒你浏览。当看到或者听到这种提示的时候,很多人怀着一种好奇去打开,不知不觉中,你已经浏览了太多对你来说并不重要的内容。

对于这些推送信息,如果对我们没有用处,那就是干扰。可以有选择地进行屏蔽或者取消关注。对于手机上一些不常用的应用,可以删除,这样既可以腾出内存空间,还能够减少干扰。

3. 对主屏进行大扫除

对手机的主屏进行大扫除。仅仅保留自己最常用的电话、信息、音乐等。除此之外,让整个主屏保持空白。

4. 上厕所不要带上手机

很多人上厕所的时候喜欢把手机带进去。利用这段时间打开手机看下微信、微博,看看新闻,或者聊天等。其实这是一种非常不健康的做法。上厕所时看手机会无意识地延长在厕所的时间,对消化系统、血液循环系统都会造成危害。

5. 不要把手机放在床边

很多人早上睁开眼睛的第一件事情,就是看一下手机。看看今天有什么新闻,朋友圈有没有更新等。每天晚上睡觉之前也要看手机,并且一看就看到深更半夜,手里握着手机睡着。这样不仅伤眼,还会影响睡眠质量。而且人在睡觉的时候对外界的防御能力很低，长期将手机放在身边入睡会被手机的辐射影响健康，产生头晕、目眩等症状。

解决方法很简单，就是睡前把手机放在桌子等远离自己的地方，并把声音调成静音，避免被手机打扰睡眠。

6. 寻找手机替代品

用使用替代品的方法减少手机使用次数。例如，在地铁上如果觉得无聊，不一定要掏出手机，还可以用阅读报纸、杂志的方法代替。遇到问题时不要马上就问百度，要养成自己思考的习惯。可以准备一个小的记事本，以此来代替手机的备忘录功能。可以买一块手表，减少看手机的次数等。

三、"网购成瘾"：一种新型的心理疾病

一项题为《顾客主导市场》的调查报告显示，中国人网购热情颇高，在接受调查的中国消费者中，约七成每周至少网购一次，是欧洲消费者的近四倍、美国和英国消费者的近两倍。为什么我们对网购的热情如此高涨，并且停不下来呢？

过去一年，刘美平均每个月要在网上花销 3 000 元左右，2016 年的 11 月，是她全年网购最疯狂的时候，单月就花掉近 6 000 元。但如果和 2017 年 11 月相比，刘美 2016 年 11 月的网购记录就小巫见大巫了。光是 2017 年"双11"，她的网购金额超 10 000 元。

"几个月前，我发现当快递来送包裹，而我根本不记得买的是什么时，我觉得问题很严重了。因为我买的都是对我来说根本不需要、不重要的东西，不然怎么会不记得呢？"刘美说，原本以为网购能省钱，不料却是省了小钱，浪费了大钱。"比如，给孩子买帽子，本来想买一顶，可是为了省运费，一口气买了六七顶。"

最要命的是，刘美的年收入也就只有 40 000 元，而今年上半年网购的花

销就已经远超过这个数字。"如果不算老公贴补的那些,结婚时父母给的小金库,我绝对算个入不敷出的'小负婆'。"

但刘美也发现,她根本不能控制自己的购物欲。刘美在帖子里向网友求助:"除了'剁手',究竟要如何才能克制住自己购物的欲望呢?这是不是一种病,需要去看心理医生吗?"

心理解读

"网购成瘾"其实是一种新型的心理疾病,严重者甚至需要心理治疗。专家把这种行为定义为冲动控制障碍。成年人应该有自我控制能力,而网购成瘾的人,往往就是缺乏这种控制能力。如果你发现自己买了很多不需要的东西,没钱时也控制不住购物欲望或者几天不买、不看就难受,就很可能有网购成瘾的倾向。

抢购时的刺激、收货时的愉悦都成了大家对网购"情有独钟"的原因。但收到货后发现是无用之物的抱怨也频繁出现。人们享受的往往是网购时精神的亢奋和愉悦,一旦过了这个劲头,发现买了自己不需要的东西,而且信用卡也刷爆了,就会有强烈的失落感。

想要克服"网购瘾",可以从以下几个方面做起:

少宅在家里:有网购成瘾倾向的市民,尽量少宅在家里。多去人多的地方,并且多运动,加强和大自然的接触

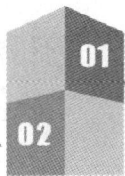

01

02

训练自己的控制力:例如,计划好一个月的消费额度,并严格执行或者把物品在购物车里放一放,冷静几天后再决定是否必须购买。若情况还是没有缓解,则需要寻求心理治疗的介入

四、"拖延症":什么原因让你一拖再拖

你是否有这样的经历呢?待收拾的桌面、待上交的作业、要看的书全堆在眼前,焦虑的小心脏不安地跳动着。明明有很多事情赶着做,我们偏偏就跟自己说,再待一会儿,等一下再做。于是,一分钟过去了,一个小时过

去了，一天也过去了，零乱的桌面依然零乱，要看的书依旧尘封——这就是拖延。

崔子梦自称是"拖延症晚期"，她的朋友们也给她起了一个绰号："最后一秒女"。她的拖延症已经严重影响到了她的工作和生活。

比如，每天早上起床时，她总是先拿起手机，看看娱乐新闻，刷会儿朋友圈，不知不觉时间就过去了。于是她匆匆忙忙地冲出家门，到公司时经常是最后一分钟。工作时，她同样非常拖沓。月初的报表在月末最后一天还没有完成。因为明天就要上交了，所以她挑灯夜战，做完时天都亮了。

平时约朋友出去玩耍，她总是不守时。离约定时间还有半个小时才开始找衣服、化妆，等准备好一切再出门时，时间已经来不及了。所以她的朋友们在约她时，都会自动把时间调后一个小时，以防空等。面对老板的不满、朋友的不满和自己的自责，崔子梦觉得非常焦虑。

心理解读

拖延症的成因有很多，大致分成以下4种：

1. 压力过大

工作越多、压力越大，越容易拖拉。还有人深信，他们在重压之下才能将工作做得更出色；或者把事情往后拖一拖能让自己的感觉更好一些。

2. 完美主义

有的人太想把一件事情做好，想着各种各样的计划，却一直都没有行动。完美主义者太在意别人的看法了，他们希望讨好别人，总在担忧自己不完美就没有人会喜欢。为了保持自己在他人眼中的完美形象，避免在行动中受挫而产生的失望痛苦情绪，他们往往会选择拖延行动。

3．不自信易逃避

部分人对工作能力不自信是导致拖延行为的一个重要原因。工作上曾遭遇过重大挫败，对自己不够自信的人，容易产生逃避心理。常以疲劳、状态不好、时间充足等借口来拖延工作进度。专家认为，这部分职场人士实际上很在意别人如何看待自己，他们更希望别人觉得他时间不够、不够努力，而不是能力不足。

4．任务重复，缺乏动力

日复一日的工作任务经常重复，没有挑战性，却又必须去做。因为做起来缺乏新鲜感和满足感，久而久之就容易出现懒散、拖延的情况，这是工作缺乏动力而导致的拖延症类型。

拖延是一种你自己养成并不断强化的习惯，但这种习惯是可以克服的，建议采用以下 5 个方法：

（1）今日事今日毕

今日事今日毕，可以说是战胜拖延的第一回合。一个连今天都放弃的人是没有资格去说"还有明天"的。利用碎片时间，轻而易举就会把今天的工作做完。行动起来，把今天的工作做完，明天的工作才有动力去做。

（2）确立目标、获取动力

学会把工作任务融入人生设计轨道中。如希望自己今年哪方面有所突破，那就遵循这一目标去做，做出作品或成绩，从而得到提升。将无法把控的工作，主动变成可以把控的。从个人思想方面来做调整，转变自己对工作的要求，从中获取工作动力。

需要注意的是：制定工作要求或目标不能太贪、太多、太杂。建议制定自己喜欢且能胜任的目标，然后利用自己的各种能力、资源来达成。行动力非常重要，还要自我监督、让别人监督。

（3）分清主次

生活中肯定会有一些突发性和迫不及待要解决的问题。成功者花时间做最重要的事情，而不是最紧急的事情。把所有工作分成急并重、重但不急、急但不重、不急也不重 4 类，依次完成。你发每封电子邮件时不一定要字斟句酌，但是呈交老板的计划书就要周详细密了。

（4）消除干扰

关掉 QQ，关掉音乐，关掉电视……将一切会影响你工作效率的东西统统关掉，全心全意地去做事情。

（5）不要给自己太长时间

很多时候，工作时间拖得越长，工作效率越低。不要相信像"压力之下必有勇夫"这样的错误说法。你可以列一个设定短期、中期和长期目标的时间表，以避免把什么事情都耽搁到最后一分钟。如果拖沓影响了你的生活和工作，不妨去看看心理医生，认知—行为疗法可能会有效。

五、"依赖症"：为什么你总是离不开"它"

生活中你是否会有这种经历：铃声不响左顾右盼，铃声一响条件反射，来电一少就坐立不安；没电脑无法工作、不上网没法安心睡觉；只有工作才能让你感到充实，没有工作就疲劳抑郁、空虚寂寞；不吃零食就烦躁焦虑，一吃东西马上心情舒畅……这些都是依赖症的表现，你是否也存在？

25 岁的张璇是一家对外贸易公司的公关部经理。因为工作关系，她有时半夜也要为客户接机或随时安排应酬，手机 24 小时开着，使用频率非常高。"手机电池本来能用 3 天，可我每天得换一次，我把全身心都奉献给了工作，不断打进打出的电话让我感觉生活很充实。"她说。

忙了一段时间后，最近公司业务量骤减，张璇的电话寥寥，原来暗自庆幸能睡个安稳觉的她却感到极不适应，反倒开始失眠、坐立不安。在别人的手机铃声响起时，她会条件反射地拿起自己的手机。有时候半夜也好像听到手机铃声，反反复复，睡不好觉。最后实在没有办法忍受，只好去找心理诊所的李医生。李医生在了解了她的情况后，认为张璇患上了"手机依赖症"。

心理解读

"依赖症"究竟是一种什么样的疾病？心理学家称："依赖症"是指带有强制性的渴求，追求不间断地使用某种或某些药物或物质，或从事某种活动，以取得特定的心理效应的一种行为障碍。

"依赖症"背后其实隐藏着很多问题,如焦虑、抑郁、不自信、人际关系的压力、过去遭受的精神创伤等。他们并不是把所依赖的事情当作是适度释放压力的手段或是一种消遣,而是依托它来逃避现实中的种种问题,于是就陷入了"依赖症"这个无边的沼泽里。

由于所依赖的事物不同,所以依据不同的情况应采取不同的解决方法,以下就常见的几种"依赖症"提出 3 点建议:

1. 手机依赖症

因为工作性质的转变而对手机产生依赖的人,实际上是由于部分固定交际对象的突然消失而带来的交流欲望的中断。这类人可以在生活中重建自己的交际圈,利用闲暇时间参加一些联谊活动,定时和几个固定好友小聚谈天来排解抑郁的情绪,使自己尽快适应新的环境和工作。

如果是对手机习惯性依赖的人,则应多在现实生活中积极与人交谈,多读读书、看看报,通过自我约束逐渐减少不必要使用手机的次数,尽量将生活的重心从手机上转移。如果客观条件允许,最好多参加一些有益身心的活动,如听音乐、外出散步、郊游、健身等。如果对手机依赖过于严重,就要去看心理医生,以免影响正常的生活和工作。

2. 工作依赖症

工作依赖症是职场中压力大、过度精神紧张而导致的病症。只要能够正视它,通过一些方式去调整自己的生活是可避免和缓解的。

对工作产生依赖的人,认为只有工作的时候才会觉得自己很充实。因此,可以利用其他一些活动来分散注意力或改变依赖工作的心理状况。如闲暇时间参加一些联谊活动,定时和几个好友小聚谈天等,尽量将生活的重心从工作上转移。

3. 食物依赖症

一些人对食物会经常性地产生浓厚的兴趣和依赖,受到食物香味的暗示,就告诉自己不能不吃。心灵空虚、情场失意、压力过大都要用食物来填补这些空缺和转移注意力。一旦习以为常，就会陷入食物"依赖症"的怪圈。

想要打消食物依赖症，首先就要建立浅尝辄止的原则。什么都可以吃一点儿，但不要放纵太多。可以通过一些蕴含心理暗示的训练，试着使自己成为一个能自控的，真正享受食物的健康人。

用水果代替零食。随时把水果放在手边，想吃零食就用它们代替，减少加工食品对人体的伤害。

六、"自闭症"：开启封闭的心窗

如果你发现自己十分排斥上班，如果你总是对你的同事们如临大敌，如果你频繁跳槽，只因为无法和同事们好好相处，那么你可能就要考虑一下，你是不是患上了职场"自闭症"了。

陈东从小性格就十分内向，不善言辞。他的专业技术水平很高，对于数据有着很强的分析处理能力，并且非常细心。但是步入职场后，他却很难和同事们相处。

他平时很少说话，即使想说也不知道说什么。也许站在茶水间和同事随便聊几句对于普通人来说是再自然不过的事，但到了陈东这里就会变成无话可说的尴尬。除了工作需要，他很少和其他人说话，会议上也不会发表自己的看法。他在公司的存在感非常弱，谈起他，同事们唯一的印象就是"高冷"。

长久以来，陈东觉得自己的每一天都非常孤单，非常压抑，慢慢地他发现自己即使做着喜欢的工作也会索然无味，并且越来越不喜欢上班了。

心理解读

职场自闭症，经常出现在职场新人及性格比较内向的人群中。这种职场自闭症人群最为显著的特征是：不爱说话，尽量避免与同事有任何的交流，除非工作，否则不愿意与他人过多接触，平常不参加公司活动，不发言，受挫能力十分差，更有可能突然爆发，产生应激行为。

如果你有职场自闭症或是倾向，建议采取以下 4 种方法克服：

1. 多聊自己熟悉的事情

对于"职场自闭症"的人来说，他们有自己感兴趣的话题，却在内心排斥与同事进行沟通，一旦沟通失败，就会产生自我厌恶的心理。因此要改掉职场自闭症的行为，应该从自己熟悉的事物出发，并且应该选择比较轻松，且不会造成任何不良影响的话题。

比如八卦，女生的护肤知识，男生运动等能够让人放松下来，也比较容易进行交流互动的话题。

2. 强迫自己参加公司活动

有"职场自闭症"的人十分排斥与同事一同出门、参加公司的集体活动等。这类人一旦参加活动，往往在全程十分内向，不与人说话，感觉如坐针毡，这些都是一个适应过程。

因为在集体活动落单的时候，尽管不参加，但在自闭症的患者心里已经形成了一种负面情绪。比如，领导的看法，其他同事的看法，甚至担心其他同事在背后讨论自己。

因此，就算不说话，也尽量参加集体活动，哪怕这个集体活动让你如坐针毡，但是效果绝对比你拒绝参加要好。

3. 尝试提出自己的观点

"职场自闭症"的人就算在工作中有自己的观点也很少公然地提出来。一方面他们会首先考虑后果，即提出来以后如果遭到反对怎么办。在可能遭到反对的情况下，本能地选择不会让自己受伤的行为。

另一方面他们已经习惯了以别人的指令来做事。长此以往，会加速职场自闭症的严重程度，因此，就算是赞同别人的方案，也要说出来。

4. 少玩手机

在聚会的时候不妨看看四周，低头玩手机的往往是公司里不太活跃的人群。对于患有职场自闭症的人来说，他们不喜欢与人进行视线上的接触，他们玩手机，有时并不是真心被手机的内容吸引，只是借此来掩饰自己的慌乱无措。

因此，要治疗"职场自闭症"，首先就要学会不在聚会或者有同事的地方玩手机。哪怕不说话，只要带着微笑看着说话的人就可以了。

七、"选择恐惧症"：陷入 A 还是 B 的僵局

人们常常会陷入一种"选择僵局"——两个选项 A 和 B，都有可取的地方，又都有不可取的地方！我们往往在两个选择之间犹豫徘徊，迟迟做不出决定。我们的生活似乎也被这一道道选择题弄得无比纠结。那么，如何才能打破这种僵局呢？

林萱是一个非常容易陷入纠结的人，选择多对于她来说非但不是好事，反而是一种痛苦、一种折磨。

当林萱和朋友一块去逛街的时候，总是要把能逛的地方全逛完，最后选择几个自己感觉还可以的店，留下来慢慢选择。可是当面对同样两件喜欢的衣服时林萱就犯愁了。店里的导购员还有几个朋友对着两件衣服把所有的优缺点都说了一遍，可是林萱到最后还是不能确定要买哪一个。

这种无法抉择的情况还不只发生在买衣服这一件事上，生活和工作上的其他事同样令林萱犹豫不决。要不要跳槽？该不该接这个项目？今天上班穿什么衣服呢？每当面临选择，林萱的内心都是崩溃的。为此，她也非常苦恼。

心理解读

"选择恐惧症"，也称为"选择困难症"。有此病症的患者在面对选择时会异常艰难，无法正常做出满意的选择，导致对于选择产生一定程度的恐惧。

导致"选择恐惧症"的原因大致可以分成三个：第一，不能确定自己内心最重要的需求，无法获得心理平衡；第二，害怕承担后果；第三，对自我不满，将不满"投射"出来，变相逃避自己。

在传统的教育模式下成长起来的年轻人是选择恐惧症的高发人群,因为他们在面对生活中的问题时经常遵循着一种固定的思维模式:很少思考问题本身是否存在问题,总是"见题答题",并试图寻找所谓的"标准答案"。这样就很容易陷入选择的旋涡中无法自拔,甚至引起恐惧。

心理自愈

想要克服"选择恐惧症",首先要调整好自己的心态,可以采用以下3点建议:

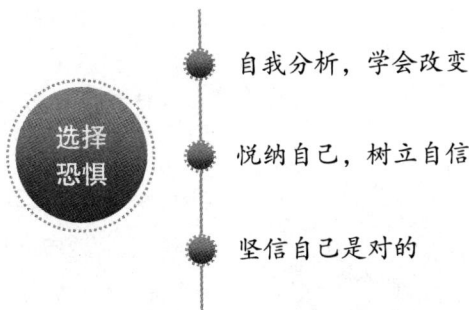

选择恐惧

自我分析,学会改变

悦纳自己,树立自信

坚信自己是对的

1. 自我分析,学会改变

要进行自我分析,分析出自己为什么害怕选择,是因为害怕承担责任,还是因为自己拒绝成长,或者说这是一种习惯性的依赖。要学会改变自己,只要分析出自己,那么就要根据自己的分析,来对自己进行改变与完善。

2. 悦纳自己,树立自信

很多恐惧症患者就是因为不悦纳自己、对自己不自信造成的,所以要改变首先就得在心里接受和悦纳自己,树立起对自我的信心。过于追求完美,对自己要求过高,就容易患得患失。太在意别人对自己的看法,一心想要得到别人的承认,就会迷失自己。接受自己的现况,不要去管别人怎么看,人们越害怕出错,就越会感到手足无措。

3. 坚信自己是对的

当面临选择困难时,可以尝试着只选择其中一项,不论对错,也不去考虑更多,坚定这一选择。选择完成后不要后悔,也不要做任何对比,相信自己的选择是最好的。这事实上是一种正面的心理暗示，患者可以通过不断重复这样的心理暗示，来逐渐走出选择障碍的阴影。

八、"强迫症"：只是"处女座"的标签吗

你是否总是莫名其妙地觉得自己门没有关好，锁没有锁好？你是否无论做什么事情都反复核对，怕出差错？你是否经常叮嘱别人做事要循规守矩，甚至妨碍到别人的自由？你是否疑虑过分，总有一种不完善感呢？这些都是因为你对自己要求过高，太追求完美，所以使自己在不知不觉中形成了一种强迫症。

王俊觉得自己总是有一些习惯性的举动，让他觉得很苦恼。

比如，出门后走出 100 米会返回来检查房门是否锁紧；下车后会走出 50 米返回来检查车门、车窗；晚上睡前趴下来看床底下是否有"人"；反复检查窗帘及一些角落，不然就不放心；开车调不到最舒服的坐姿就不停地调座椅，开车时调，停车时也调，反复分析哪个位置最舒服；抽纸巾一定要抽双数，如果最后盒里只剩一张纸就会非常不舒服……

王俊非常讨厌这个谨小慎微、无比别扭的自己，为此他觉得压力很大。

心理解读

现在社会发展迅速，越来越多的人喜欢追求完美。很多事情其实已经非常好了，但自己还是不满意，过分注意细节，其实这就是强迫症。

想要治疗"强迫症"，我们应该如何进行自我调节呢？建议采用以下 5 种调节方法：

多和别人交流自己的病症

接受不完美　　　　　　　失败只是一次经历

学会放松　　　　自我调节　　　培养自己的幽默感

1．学会放松

过于紧张会让事情变得更糟糕，大脑进入强迫思维的死循环，尽量客观地看待能让自己容易产生"强迫症"状的物品。运动是最好的身体放松法，全身心投入到运动中去，让整个身体活跃起来，大脑也会多分泌愉快的激素，一次大汗淋漓的跑步后，你或许会发现世界的美好。

2．接受不完美

对于不触及原则的细节问题，让自己更随意一些，可以有意识地锻炼自己在细节方面的宽容度。比如，在不收拾的房间里待几天，要知道不够干净、有些零乱的房间不会毁了你的人生。

3．多和别人交流自己的"病症"

"强迫症"患者千万不要把"强迫症"当成秘密不和别人说。"强迫症"患者强烈的自尊心使他们封闭了对外交流的通道。心中的秘密得不到释放，心理上就会形成高压，谁也经受不起这样的煎熬。

4．失败只是一次经历

不要害怕失败。与其不断在想：我要是失败了怎么办？不如告诉自己失败了又怎么样，一次失败并不代表我的人生就是失败的。挫折本身就是一种教育。许多成功人士之所以成功，正是因为他们经历了很多次失败之后，找到了自己的位置和正确的方向。

5．培养自己的幽默感

如果一件事你可以嘲笑它，就不会为它所困。"强迫症"患者尤其需要多看笑话来松弛自己的神经，多感受这世界的意外和有趣。不是一切尽在你掌握中的才是好事，多些欢笑，保持愉快的心情，这样会让你的人生更加幸福。

九、"洁癖症"：仅仅只是太爱干净吗

现代人的生活压力都比较大，很多心理疾病都是因压力大而引发的，其中"洁癖症"就是最常见的一种心理疾病。一个人适当地爱干净是好事，但过于注重清洁且有别于大多数人的行为那就属于洁癖的范畴了。洁癖不仅是爱干净，更是对自己一种内在的、刻意的要求。这种习惯不仅会影响人际关系，也会给自己带来痛苦的体验。

李江今年24岁，是某杂志社的行政助理。他性格刻板、追求完美，还有就是非常爱干净。最近，他觉得自己得了一种"怪病"，老是觉得自己手上沾上了什么不干净的东西。因此，他每天必须多次长时间地洗手、洗衣服。

不仅如此，他还不能容忍办公室和家里有不洁之处。每天他上班时，首先就是把办公室里里外外、上上下下打扫3遍以上，然后才能安安心心坐下来办公。

而且必须是他亲自擦，清洁工阿姨擦，他是不放心的，总觉得别人擦得不干净。他最痛恨的事情就是：3遍清洁尚未做完，就有人进来和他谈工作。他认为这样的话就前功尽弃了，他就会重新做3遍清洁。别人暗地里叫他"变态"，为此他非常痛苦。

心理解读

通常来说，"洁癖"就是太爱干净。一个人爱干净是好事，但过于注重清洁以至于影响了正常的学习、工作和生活，特别是社会交往，就属于"洁癖症"。

洁癖有轻重之分，较轻的洁癖仅仅是一种不良习惯。可以通过脱敏疗法、认知疗法来纠正，较严重的洁癖属于心理疾病，是"强迫症"的一种，应该求助于心理医生。洁癖并不是女孩的专利，一些男孩也会患上这种病，有的男孩甚至表现得更严重。

如果有洁癖的不良习惯就要及时调整并改正。如果任由"洁癖症"发展,就有可能会引起性格变异,变得敏感、固执、任性、狂躁,妨碍睡眠和饮食,严重时影响健康。

洁癖可以通过系统脱敏法得到有效的治疗。首先要做的就是把自己害怕的东西和场景、经常做的事情从轻度到重度写出来,然后每天从最容易的事情入手控制自己的行为,如逐渐地减少洗手的次数和时间等。

尝试改变以往固有的思维方式。做事情要先顾全重要的事情,一切慢慢来,稳步前进。调整好自己的心态,以开朗的心态对待自己,也许就不会再受洁癖的困扰了。

十、为什么每隔一段时间你就必须打开某社交网站

社交媒体前所未有地盛行,让我们能够掌握彼此的一举一动。它给了我们一种随时保持联系的感觉,可也造成人们"害怕错过任何信息"的现象。如果被问道,每隔一段时间你就必须打开某社交网站吗?为什么你的生活离不开社交网站呢?这些问题,大多数人会给出这样的答案:

我在社交平台就喜欢以一种"旁观者"的状态看段子;我不想错过任何一丁点儿午餐谈资级别的新闻和流行趋势;我在朋友圈的浏览数量一定要达到一定级别,不然就显得自己没有"江湖地位";宁可发一百条微信也绝不打一个电话;真实和虚拟的两个世界构成肉体和精神的两个我,怎么能分离呢;不刷完朋友圈和微博我怎么睡得着!

如果你符合 3 条以上,说明你已经对社交平台产生依赖了,你需要马上打起精神,防范自己患上"虚拟社交依赖症"。

高媛来到单位后时不时地拿出手机刷新网络,或重启一下路由器,显得心不在焉,偶尔还出现烦躁的情绪,造成她心绪不宁的原因只有一个——微信瘫痪了。

高媛在事业单位工作,每天到办公室的第一件事就是打开 WI-FI 的电源,拿出手机浏览微信里朋友圈的各种信息。空闲的时候或累了想休息下,她也会登录微信四处"逛逛"。"浏览够了才能把心沉下去工作",高媛说。今天要是微信登录不了,让她感觉生活里"缺少"了什么,工作也心不在焉。

心理解读

"虚拟社交依赖症"属于神经症的范畴。如果要诊断为"虚拟社交依赖症",必须具备以下3个条件：

第一，患者表现出由于沉迷于网络社交而出现的焦虑、抑郁、恐惧、强迫、疑心病、躯体化或神经衰弱等症状；第二，表现出来的症状已经导致社会功能受损或具有无法摆脱的精神痛苦；第三，前面两点的表现和行为至少要持续一个月。

许多人沉迷于这种虚拟社交只是一种好奇心驱使或者压力的宣泄而已，这种沉迷也往往只是持续一段时间，一般会通过自我觉醒和调节而再次融入现实社会的交往。他们中的大部分不够"虚拟社交依赖症"的标准，但仍要防患于未然。

社交网站所培植的自恋、自尊、乐趣是虚幻的，它容易挫败人们处理现实问题的能力，进而形成新的心理封闭。这种虚拟的网络社交表面看似乎减少了人的孤独感，联络了社交感情，实际上，越是沉迷于虚拟社交的人，越容易在现实中感到压抑。

那么，如何避免自己得"虚拟社交依赖症"或有此倾向呢？下面将给出几点建议：

首先，要自我检测，看自己是否属于"虚拟社交依赖症"。如果觉得自己只是沉迷于社交网站，就要提高警惕，多外出与现实生活中的朋友交往，避免进一步的沉迷。如果发现无法控制自己的行为，建议尽快找专业的心理医生咨询。

其次，避免"虚拟社交依赖症"的最好方法是拥有积极乐观平和的心态。建立现实社会中属于自己的朋友圈子，包括父母亲戚在内。可以在放假之时切断无线网络信号，关闭聊天软件，携亲朋好友一同出游，面对面沟通交流感情。通过现实社会中的交往来满足安全感、成就感、被尊重、被认可等心理需要，提高自我接纳度，可以有效地避免"虚拟社交依赖症"的发生。

十一、刚告诉自己"赶紧睡觉吧",不到 5 分钟又去刷微博

有网友在微博中总结"微博控"共分八级:"一级只围观不说话;二级遇到兴奋点才回复、转发;三级休息时间全占用;四级工作时间也在上微博;五级双休日不休息;六级熬夜找热点;七级半夜也在刷新页面;八级生活颠倒,需住院治疗。"

当你刷微博刷到自己都觉得频繁,你就需要自我调节和治疗了。

海妮刚刚参加工作,在北京市一家外贸公司做文员,她每天早上来到办公室的第一件事就是打开电脑、登录微博。上了一天班,晚上回到家已经累得不想做任何事,甚至不想与人说一句话,但奇怪的是,就算累瘫了还是忍不住不停地刷微博。在海妮看来,疲劳过后似乎更需要一种类似刷微博式的解脱,所以"织围脖"时精神感到愉悦,内心感到满足,自然也不觉得累。深夜里躺下,她依然要刷一会儿微博再睡。

对于海妮来说,发微博几乎成了她生活中的一部分,据她自己说:"只要闲着的时候,不刷微博就心痒痒,发完微博,如果 5 分钟之后没听到有人回复的提示音,就想亲自登录上去看看究竟是怎么回事。然后再不停地编辑各种博文,等到下次可以一起发。"用海妮的话说,每个月月末是最"煎熬"的时候,因为流量没了,若是赶上在旅途中或出差中,就不能发微博了。

天都快亮了,我要关掉电脑上床去了

心理解读

对微博产生依赖的人有一个专有名词叫"微博控"。以"微博控"的分级为例,六级以上的"微博控"基本上可以判断为严重上瘾。而那些经常毫无原因地反复打开页面刷屏、更新的人,如果过于频繁,那么有可能是患上了"强迫症"。

微博上瘾的原因大体上有两个：

A "织围脖"可以满足人们对人际关系的需求。现代人难免会因自我保护戴上一些"面具"，而在网络上才可以卸下面具展示真实的自己。

B 微博能够让人获得大量的关注，满足被关注的虚荣心。微博上有自己的粉丝，能体会到受粉丝追捧的感觉，弥补了现实中难以得到的满足感。

心理自愈

想要避免微博成瘾，可以采取以下两种方式：

首先，一定要明确自己使用微博是基于何种需要，如果是工作需要，工作完成后应尽量少上微博。

其次，如果仅是娱乐需要，在娱乐消遣达到身心满足后应停止关注微博。使用微博要在正常的频率之内，不能因为刷微博而占用正常休息时间。比如双休日，下班后就应和朋友出去唱唱歌、聊聊天、喝喝茶，选择其他比较休闲健康的方式放松自己。

十二、你是否常常和微信在线好友闲聊到午夜时分

生活最沉重的负担不是工作，而是无聊。当你无聊的时候，你总是有一肚子的苦水想要倾诉出来，于是你喜欢和微信上的在线好友闲聊，无论认识的不认识的，一聊聊到深夜。但是往往聊过之后，剩下的空虚却让你更加无聊，更加寂寞。然而你要知道：没有无聊的人生，只有无聊的人生态度。想要赶走无聊，就要先从不做无聊的事开始。

徐珂是一个"90后"的白领，白天工作节奏非常快，压力也很大，所以每到下班或休息时她就会觉得非常空虚和无聊。她平时没有什么兴趣爱好，只要下班就拿起手机开始聊天，只有和朋友们聊天时她才感觉不到无聊。

闲暇时,徐珂的手机从来不离手,她可以同时和好几个朋友一起聊而不混乱。连成一片的微信提示音和屏幕上频繁跳动的信息让徐珂顾不上其他的事情。如果某一天朋友有事不能陪她聊,她就会有一种怅然若失的感觉。于是她会加一些陌生人聊天,以打发自己无聊的时光。每天她都会这样聊到很晚,长时间的睡眠不足让她对工作和生活都打不起精神,提不起热情,渐渐觉得日子越过越空虚。

心理解读

在这个快节奏的时代,很多人都会因为工作、情感、学习等问题而产生心理压力,也会出现无聊的情绪状态。这种情绪状态会让人感觉到无所事事,不知道自己应该做什么,从而导致空虚、孤独。每当这时人们总是会做出一些没有意义的事情来排遣这种情绪,甚至对这些无意义的事情产生依赖。

这种无聊感的产生主要归咎于两个因素:一是外部的刺激;二是自身的情绪调节能力。无聊感与注意力密切相关,注意力高度集中,或者注意力涣散都会引起无聊。情绪对无聊感的产生也有影响,拥有积极自我意识的人很少会觉得无聊;相反,不清楚自己的需要和愿望,找不到生活的目标和意义,就会深陷在"无聊"的泥淖中。

想要不受这种无聊情绪的干扰,就要停止自己为了排遣寂寞所做的那些无意义的事情,以下是6点建议:

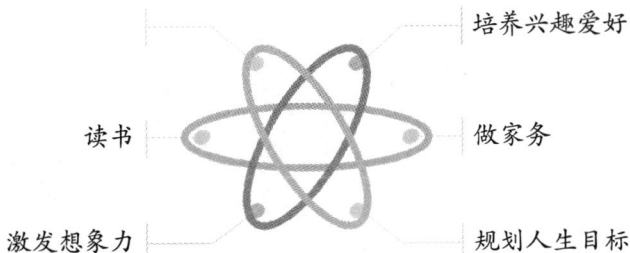

培养兴趣爱好

读书

做家务

激发想象力

规划人生目标

1．积极起来

多让自己积极起来，做一些可以让自己积极的事情。只要心态积极，那么你对人生的态度就会产生变化，也不会出现无聊感。

2．读书

一本好的书可以陪伴我们快乐地生活。闲来没事儿可以给自己补充点儿知识，无论是什么书，小说也好，名著也好，就算是烹饪之类的书籍也对我们有益处。

3．激发想象力

通过想象力来刺激你的想法。想象一下你想去哪里，你想成为什么样的人。利用你的想象力来模拟你想象中的生活，想象的奇妙之处在于你可以想象任何你想体验的东西。

4．培养兴趣爱好

培养自己的喜好，比如绘画、演奏、烹饪、钓鱼、徒步旅行等。当你感觉到自己无聊时，那么就做这些让你喜欢的事情。

5．做家务

无论你是喜欢还是不喜欢，没事做做家务。这不但可以当成一种运动，而且可以将自己的小窝打扫得干干净净。虽然累些，但是干完后换来一个整洁的房间，也是件快乐的事。

6．规划人生目标

无聊，是因为你没有目标。为自己规划一个人生目标，精确到每年要达到一个什么标准。有了目标就会觉得生活不是混日子，你所过的每一天都是在为自己精彩的人生奋斗，自然就不会有无聊的感觉出现了。

苏格拉底说："认识自己，方能认识人生。"的确如此，人最容易的就是认识自己，最难的也是认识自己。所谓："知人者智，自知者明。"人只有深刻地认识自己，才能深刻地读懂他人。思维认知心理学，帮你认识自己，改变自己，做最好的自己。

第四章

我为什么会这样做

——思维认知心理学

一、你是否在百度、谷歌搜索过自己的名字

经常上网的人会在各个网站留下自己的足迹。比如，发过的帖子，写过的博客。时间长了，许多人都会不定时地在百度或谷歌搜索有关于自己的信息。

他们为什么喜欢在网上搜索自己，经常上网的你有没有在百度或谷歌搜索过自己的名字呢?

周杭今年25岁，在北京一家移动互联网公司做网络推广，闲暇时也喜欢给自己做一下推广。他在百度、搜狐、新浪、网易等各大网站都建有自己的博客，并喜欢在上面发布一些原创的专业类文章。平时逛贴吧、论坛、社区时，他还会随手贴出一些自己博客的地址，为自己的博客增加一些曝光率。

自从他的博客被百度收录后，他就经常去搜索引擎上搜索自己的名字和一些与自己相关的信息。还会定期查看自己博客的评论和访问量。每当看到自己的人气提升时，他都会有一种被关注的自豪感。

心理解读

心理学认为，这种行为的产生是由于我们自身的自我关注意识。虽然生活中我们总是关注他人，但在内心深处最渴望被了解的还是我们自己。

自我关注意识，是一个人对自己的外在和内心有意识的注意，并上升为对自己的受关注度产生浓厚的兴趣。比如，会寻求确认公众的认可。

潜意识中，我们每个人都担心自己被群体遗忘、冷落和抛弃，这种心理意识和自我关注的需求结合起来，促使有的人想方设法地去表现自己。

这时，功能强大的网上搜索平台就为我们提供了途径，通过搜索自己的信息，在公共互联网上看到自己的名字，很容易让人产生"我最闪亮、我最醒目"的自豪感和满足感。

除此之外，还有一个容易被心理学领域忽视的动机：人的内心中存在着渴望获得名气的欲望。

互联网的出现和发展给人们提供了"一夜成名"的机会，所以经常在网上活动的人就对搜索自己的"知名度"非常着迷。有的人还会记下每次搜索时列出的信息条目，并且加以对比，判断自己的人气较之以往是提升还是下降了。

同那些追求真金白银的财富和社会影响力的人有所不同，他们只是希望获得某种被认可的心理满足感，想要证实自身存在的价值。这种成名的欲望虽然不会大张旗鼓地左右他们的行为，但却会隐秘地支配着他们的潜意识，让他们不断地鞭策自己走向成功。

因此，放心大胆地在网上搜索自己吧，这恰恰表明你对自身的价值还拥有非常高的关注度，还有一颗希望为自己的人生做点什么的热情之心！

二、这个人我仿佛见过——"似曾相识"是怎么回事儿

迎面走来的美女对你微微一笑，一种强烈的亲切感瞬间涌上心头，你真的想走上前告诉她你们似乎见过；走过一处陌生的街头，一丝熟悉的感觉却油然而生，你真的想大声地说出这个地方你曾在梦里来过。似曾相识的感觉既让你惊喜又让你迷惑，可这究竟是怎么回事儿呢？

董小菲最近有几次特别的经历，就是忽然间觉得出现在自己身边的人和事有一种异常的熟悉感，每个细节都很清楚，似乎在过去的某个时候已经完整地经历过一遍，要不就是做梦梦到过。这种感觉让她觉得既奇怪又担忧，她不知自己怎么了，是不是心理出了问题。当她回想起这种感觉时，她都怀疑自己是不是经历了平行时空，偶尔还会觉得自己是另外一个人。

心理解读

无论是看人、看事还是看景，都有一种似曾相识的感觉，心理学上称这种体验为"即视感"。"即视感"不一定发生在潜意识矛盾冲突的基础之上，一般健康的大脑都会产生这种感觉。而且，人们在疲惫和压力状态下时很容易出现这种感觉。

心理专家说，大多数的"似曾相识"都是一场大脑营造的骗局，是知觉与记忆的相互作用，并非是那些真实的、你暂时无法想起的记忆。科学研究表明，这是大脑中一个叫作"海马回"的区域在作祟。似曾相识的现象是海马回区域的功能发生瞬间"短路"的结果。

我们曾经经历的一些场景的众多特征存放在不同的记忆系统中，而我们无法意识到。当我们走到一个新的场景，场景中的某些部分就可能会刺激我们的一些记忆，调动大脑中不同的记忆系统与之相匹配，寻找让我们满意的答案。此时，一旦场景中的某一特征和过去的某种类似的经历匹配上，就会让我们产生"似曾相识"的感觉了。

研究发现，这种现象在情绪不稳定的人的身上更容易出现，因为与情绪相关的记忆我们会更容易记住。在我们的一生中，青春期和更年期这两个阶段，身体的内分泌会发生剧烈的变化，从而让我们处于一种情绪不稳定的状态，记忆也会变得十分活跃。所以，这时是最容易发生"似曾相识"现象的时候。值得注意的是，过于频繁、过于强烈的"似曾相识"并不好，它意味着储存记忆的脑细胞正遭受着强烈的刺激，而这很可能是癫痫的前期症状。

如果一段时间内频繁出现"即视感"，就要马上放松下来以舒缓自己的心理压力。可以听音乐、做瑜伽或者进行一次短途旅行，让大脑充分地休息，保持积极乐观的心态，把自己从疲惫和压力中解脱出来。

三、为什么人们总觉得青皮橘子必定是酸的

当我们看到青皮的橘子时会下意识地认为它是酸的；遇到温柔的女性时会下意识地觉得她们是柔弱的。刻板印象是一种无所不在的社会效应，会在不知不觉中对人们的心理和行为造成阻碍。想要公平地对待每一个人，就要学会打破"刻板印象"的束缚。

高珊是一名"90后"大四学生，个人能力和专业素质都很强，可是前几天她去面试一家公司时被拒绝了，拒绝的理由让她觉得无法接受。

这家公司的员工普遍都是80后，比高珊大几岁。在看完她的简历后，面试的女经理对她说："我不太喜欢'90后'，太不稳定。"当面试官看到她拿着家人给买的iPhone时，认为她是不能吃苦的富家女，并以此为理由拒绝录用她。

高珊觉得这家公司对"90后"存在偏见，于是忍不住找人诉说。

 心理解读

"刻板印象"也称为"定型化效应"，是指个人受社会影响而对某些人或事持稳定不变的看法。它既有积极的一面，也有消极的一面。

积极的一面表现为在对于具有许多共同之处的某类人在一定范围内进行判断时，不用探索信息，直接按照已形成的固定看法即可得出结论，这就简化了认知过程，节省了大量时间、精力。

消极的一面表现为在被给予有限材料的基础上做出带普遍性的结论，会使人在认知别人时忽视个体差异，从而导致知觉上的错误，妨碍对他人做出正确的评价。

由于"刻板印象"往往不是以直接经验为依据，也不是以事实材料为基础，是只凭一时偏见或道听途说而形成的。因此，绝大多数"刻板印象"是错误的，甚至是有害的。

想要摆脱"刻板印象"的干扰，就要尝试打破思维定式，以下是两点建议：

1. 时刻提醒自己不要被一时的刻板印象影响了判断

在处事和交友过程中，我们应给予别人更多的理解和支持，对人做出判断前要理智，要多给别人一些时间和耐心。

2. 要摆脱旧有的思维习惯

社会在高速发展，我们需要跟上时代的步伐，时刻更新自己的思维习惯，以适应时代的发展和生活的变化。

四、"心理暗示"真的可以影响人的行为吗

生活中，心理暗示是最常见的一种心理现象，它不仅可以影响我们自己，还能影响我们身边的人。多懂一点儿心理暗示的技巧，就能让你在人际交往中时刻占据主动地位。

（一）别让消极暗示控制了你

当今社会节奏快、压力大，工作和生活中的各种困难致使消极心理暗示对我们的影响越来越大。消极心理暗示不仅会使人产生自我怀疑和否定，还会使人无法正常地工作和生活。想要克服消极心理暗示，就要明确其产生的原因，明确其所带来的危害，从而坚定信心，做好防御，绝不让自己被消极的心理暗示所控制。

王薇是一个星座控，每隔一段时间她就会查看手机中的星座软件来预测这段时间自己各方面的运势。这周她测出自己在事业方面会非常不顺，为此她每天工作的时候都提心吊胆，害怕自己犯什么错误。

当她遇到工作上的困难时，她马上就想起了星座预测上的话，于是觉得自己遇到的难题本就是注定的，躲不过去也解决不了。可是工作再难也要完成，没办法她只能逼着自己去面对。因为缺乏战胜困难的信心，她的工作状态非常不好。平时两天就能完成的任务，她硬是拖了一个星期。

因此王薇觉得星座预测果然很准，她这一个星期果真就是那么不顺。

心理解读

"心理暗示"是指人接受外界或他人的愿望、观念、情绪、判断、态度影响的心理特点。暗示是人类最简单、最典型的条件反射。从心理机制上讲，它是一种被主观意愿肯定的假设，不一定有根据，但由于主观上已肯定了它的存在，心理上便竭力趋向于这项内容。

我们在生活中无时不在接收着外界的暗示。这其中有消极的也有积极的。那么我们应如何克服那些消极的"心理暗示"对我们所产生的影响呢？以下给出3点建议：

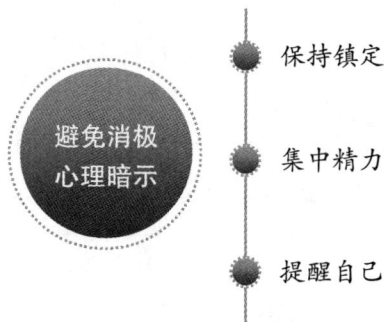

保持镇定

避免消极
心理暗示

集中精力

提醒自己

1. 保持镇定

人的心理是十分复杂的，经常会受到外界情境的影响。尤其是在对抗、竞争等情况下。对手创造出好的成绩或工作中做出超越你的业绩，都会造成你的内心紧张。本来你完全有实力超过他，可是因为心理上的紧张就会影响了你自身潜在能力的发挥。这时你要摆脱这种对你来说不利的心理暗示的方法就是保持镇定。只有排除了杂念，稳定了情绪才能发挥出自己正常的水平。

2. 集中精力

集中精力同保持镇定密切相关。当面对外界那些影响你情绪的消极的心理暗示时，最重要的就是做好屏蔽工作。把注意力高度集中于自己应该做的事情上，自然就不会受到消极的心理暗示的打扰。

3. 提醒自己

当你发现自己受到消极的心理暗示的影响时，就要提醒自己，迅速摆脱这种负面情绪的影响。比如，你一人独行在乡村小路上，对周围陌生的环境惧怕时，你不妨采取唱歌、说自来话的方法，提醒自己不要被周围的环境暗示而产生害怕的心理，这样就能减轻你此时的心理紧张。

（二）光明思维，积极暗示

生活是千变万化的，一次工作的失误，一场伙伴的误会，一句过激的话语，都会影响我们的心情。我们要学会调整我们的心态，最简单有效的方法就是对自己进行积极的"心理暗示"。积极的"心理暗示"可以使不快乐变成快乐，不幸福变成幸福。养成光明的思维习惯，你的人生才能充满阳光。

心理解读

积极的"心理暗示"可以提高一个人自身的心理防御能力，使人变得更加自信和快乐。那么我们应该如何进行积极的"心理暗示"呢？具体方法介绍如下。

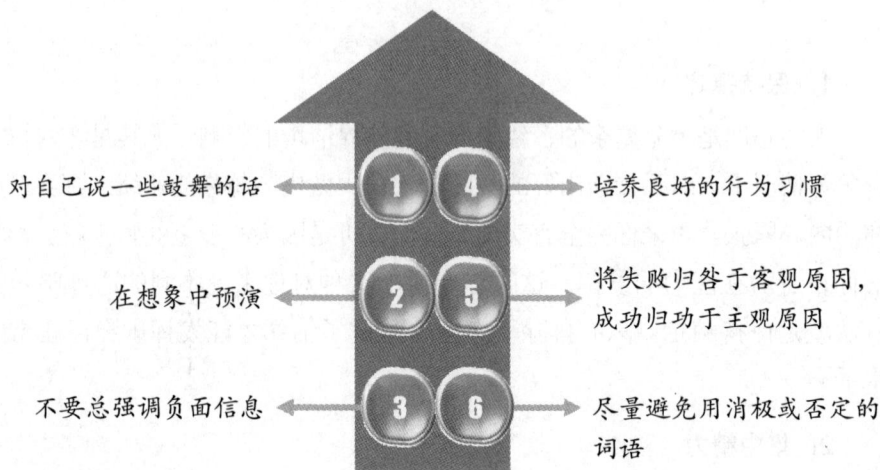

对自己说一些鼓舞的话 ← **1** **4** → 培养良好的行为习惯

在想象中预演 ← **2** **5** → 将失败归咎于客观原因，成功归功于主观原因

不要总强调负面信息 ← **3** **6** → 尽量避免用消极或否定的词语

1. 对自己说一些鼓舞的话

成功者每天都对自己说："我行""我正期待着""比上次情况好多了"等。说这些话的时候最好是有声地说，用"意识"调动内心深处的"潜意识"。可以站在镜子面前，看着自己的眼睛，真诚地表述自己的愿望。初次这么做的时候，可能会感到难为情，觉得自言自语有点傻。但尝试之后会发现经过这样地自言自语你的心情会更加积极乐观，思维、行动的效率也会提高。这样的自我暗示可以每个星期进行 1~2 次。

2. 在想象中预演

在一个安静、安全的环境中将自己彻底放松，并将希望达到的目标在脑海中进行清晰细腻的预演。在心里告诉自己：这就是我的理想，我愿意为我的理想去付出、去努力。有了这样的心理预期，人就会有前进的动力。想象之后，脑海中会留下一个积极的记忆印痕，而在遇到真实的情境后这种记忆就会被激活，从而指引我们积极地行动。

3．不要总强调负面信息

不要总是给自己一些这样的提醒："昨天的任务我还没有做完""这类事情我总是做不好"等。越是这样担心，事情越容易发生。所以聪明人应该避免用失败的教训来提醒自己，而应该多用一些积极性的暗示，如"多练几遍我就会了""这次知道错在哪里，下次做类似的工作的时候就有经验了"等。比起强调负面结果，积极的暗示和指导效果会好很多。

4．培养良好的行为习惯

自我"心理暗示"还包括很多行为习惯方面的因素。比如，走路时挺胸抬头，会觉得自己很有精神；出门的时候照照镜子整理好仪表，会对自身形象有个积极的评价；工作的时候整理好桌面，摆放好物品，让自己感到很从容很有条理；说话的时候清晰大方，让自己感到自信沉稳……这些看似微不足道的地方，其实都会不知不觉地影响一个人的精神风貌。

5．将失败归咎于客观原因，成功归功于主观原因

真正的主观原因应该是寻找那些可以改变的因素。比如，"我还不够努力""我在这上面花的时间还不够多"。这样，才能促使你在以后的工作中更加发奋，而不是自暴自弃。而且，在很多时候，失败确实是由于客观原因造成的，一味地责怪自己未必就是好事。

6．尽量避免用消极或否定的词语

不要说："我累坏了"，而要说："忙了一整天，终于可以好好地休息了。"不要说："天啊，我坚持不下去了"，而要说："只要坚持不懈，就一定会成功。"养成使用积极语言的习惯，拒绝不停地自我抱怨。试着将所有的否定句和疑问句都改成肯定句，这将在潜移默化中改变你对世界的看法，逐渐地形成积极思考的习惯。

五、泰然处之，你会感觉世界更美好

俗话说：眼不见为净，耳不听为清。如果有些事不可避免，那就不要想太多使自己难过。把事情抛诸脑后，微笑地面对，乐观地生活，人生就会开朗许多。

刘琪和前男友在一起相处了 7 年，虽然分手了很长时间，她也不再执着于那段往事，但也一直没找到合适的人开始新的感情。

最近她的前男友找到了一个新的女朋友，每天在微博里高调秀恩爱。刘琪虽然嘴上说不在乎，心里也知道自己和他两个人再无可能，但是毕竟在一起那么久，关注他也已经成为一种习惯，所以仍然会觉得刺眼和尴尬。于是刘琪在微博上取消了对前男友的关注，果然发现眼不见，心马上就不烦了，世界也一瞬间清静多了。

心理解读

如果有些事在乎也无法改变什么，那就干脆选择不在乎，不去理会它，眼不见，心不烦。那么我们生活中为什么会有"眼不见为净"这种心理效果呢？

心理学上认为这是出于一种自我心理防御机制，是一个人的心理对某种现象的"否定"作用。所谓否定作用，就是一种否定存在或已发生的事实的潜意识心理防御术。它是最原始、最简单的心理防御机制。通过将已发生而令人不快或痛苦的事情完全否定，以减轻心理上的痛苦。尽管心中明知这一切是存在的，但因为没有看见，所以心理上得到了安慰。

这种防御术能使我们从某种难以忍受的思想中逃脱出来，也同样可以借此逃避一些难以忍受的愿望、行动、事故，以及由此引发的内心焦虑。

像一些小孩，他们不慎打碎了花瓶或杯子，闯下了祸，让父母生气。于是，他们会用双手把眼睛蒙起来，不敢再看已被打破的东西。这种情形就如同沙漠里的鸵鸟，当被敌人追赶而难以逃脱时，就把头埋进沙里，把屁股露在外面。如此一来，尽管担心的事情仍有可能发生，但因为眼睛看不见，形成的心理刺激就不会那么强烈，从而减轻了心理上的痛苦。

这世界上发生的许多事情我们都无法改变，对个人产生的影响程度也完全取决于自己是如何看待的。你要做的就是依据自己实际的心理需要妥善地衡量这件事，只要不刻意地回避现实，逃避困难，偶尔"眼不见为净"一回，摆脱不必要的烦恼，又有何不可呢？

六、"苏东坡效应"——我是谁？从哪里来？又要到哪里去

"不识庐山真面目，只缘身在此山中。"这是苏东坡诗中的名句，现寓意人总是难以正确地认识自己。故而，这个心理学命题，又被称为"苏东坡效应"。

每个人都有过这样的疑问：我是谁？我从哪里来？又要到哪里去？在哲学层面上，这无异于最深奥的人类问题。但在心理学上，这其实是一个最简单的问题，即我们对自己要有一个清晰的认知和明确的定位。

陈静在一家小型企业工作，是一个刚刚步入职场半年的新人。在度过了工作初期那种满腔热情的阶段后，她渐渐开始迷茫。

陈静所在的公司规模不大，知名度也不高，这与她最初所期待的大公司、大发展有很大出入。并且她半年来所从事的工作一直都是公司最基层的，没有什么技术含量，琐碎而枯燥。

在日复一日的工作中，她渐渐开始感到烦躁和迷茫。她不知道自己的价值在哪里，不知道自己努力的目标是什么，不知道自己未来会有什么发展，也不知道自己有没有坚持下去的必要。她也曾想过换一份工作，但又不知道应该找一个什么样的工作好。

心理解读

想知道"我是谁"，就要找到自我；想知道从哪里来，到哪里去，就要认清使命，找到自己的价值观。人们对自我往往难以正确地认识，从某种意义上讲，认识"自我"比认识客观现实更为困难。

心理学家认为，"苏东坡效应"的产生并非偶然，我们对"自我"的认识，也是如此。太远了模糊，太近了也会模糊。明明就在山脚，我们却认为已经到了山顶；有时正站在山顶上，我们却自以为跌到了最低处。于是，该自信时，我们选择了失落；该后退一步时，我们选择了冲动冒进。看不清自我，就会发生这种错误，不仅做不成事情，还会积少成多，由量变产生质变，使我们遇到更大的失败。

如何破除"苏东坡效应"从而找到自我呢？以下是 3 点建议，帮助你认清自己，找到使命：

1. 认识自己的关键在于保持心态平和

不要盲目地追求最准确的自我定位，而是要从多个角度对自己进行观察和定位。既不要轻信别人，也不要轻信"内心中的那个自我"。然后，再力求对自己认识得更全面和更清晰一些，得出的结论就会比较贴近真实了。

2. 找个安静的角落倾听自己最真实的内心世界

人是需要独处的，给自己一些独处思考的空间，那样你会变得更加优秀。

初入职场的人总是会觉得时间不够用，每天的生活除了上班、吃饭，剩下的只是睡觉了，久而久之不免会产生懈怠的心理。这时候你该找个安静的角落，可以是夜深人静的广场、街道，给自己的心灵进行一次远游，给自己内心最深处一次最深刻的审视。这样有助于认清自己，找到自我。

3. 用笔写下自己的梦想，直到你被自己感动

不要过多地去想，只要把你这辈子想做的事情全部写下，然后直到自己被感动，这时，你就找到了答案，知道自己想要做什么。

既然已经知道自己想要什么，那么就应该朝着自己的目标一步一个脚印踏踏实实地走下去，不论前方的道路有多艰难与险阻。追求自己最初的梦想，用心过好每一天，活在当下。

七、为什么你买了某个牌子的产品后，还会买它的其他产品

生活中你是否有过这样的经历：买了一件自己喜欢的商品后，不知不觉间就被这件商品"胁迫"了，购物的欲望忽然变得强烈，于是买了更多的商

品与之配套。此时，你在心理上得到了极大的满足，可是口袋里的钱却如蒸发般地减少了。是什么因素导致了你的过度消费呢？又有什么办法帮你夺回购物时的理智呢？

沈琳是个精明干练的女白领，平时很注重塑造自己的内在气质和外在形象。最近的天气比较干燥，她觉得自己的皮肤有些缺水，于是就在同事的推荐下专程去某购物网站购买某款补水的产品。买完后，她又继续浏览起同种品牌的其他商品来。结果这一看不要紧，她又一口气买下了同系列的乳液、粉底、日霜、晚霜、面膜。其实她并不缺这些，只是觉得同系列的产品搭配使用起来效果会比较好。结果她这一次购物就花费了自己 1/3 的月薪。

事后，沈琳发现自己买的一系列的产品中除了那瓶补水的用过以外，其他的都没有用过，而自己这种买东西要"配套"的习惯也让她承受了很大的经济压力。

心理解读

人们在拥有了一件新的物品后不断配置与其相适应的物品以达到心理上平衡的现象，在心理学上被称为"配套效应"。"配套效应"是一种过度消费的现象。盲目地追求配套，会使自己在无意间购买许多自己并不需要的东西，从而造成浪费。

生活中，"配套效应"随处可见，我们每个人可能都经历过。我们买了一种品牌的产品之后，通常就会再去购买这一类品牌的其他产品，来达到一种配套的心理效果。即使在购买第一件这样的产品之前，我们的需求欲望低得可怜，可一旦开了第一个口子，就会变得越来越不满足，会一直不断地进行购置，直到完全实现"配套的心理效果"。

"配套效应"会直接让人陷入一种疯狂消费之中，这全是虚荣心在作怪吗？其实不是，从心理学上讲，这是因为把自己的定位提高了，从而就开始要求身边的一切都必须适合自己的定位。

要想避免这种过度消费心理的干扰，可以尝试以下3点建议：

1. 对于那些非必需的商品，我们就要采取一种避而远之的态度

拒绝了第一件没有必要的物品，也就消除了自己以后为了适应"配套心理"而购买更多非必要物品的可能，从源头上避免了过度消费。

当我们买了一件物品，还想买与之配套的另外一些物品时一定不要冲动。要在买前反复地问自己，是不是一定要买，非买不可。如果不是，就要果断拒绝，避免诱惑。

2. 对自己每个月的消费做一个预算，然后根据预算决定每天的消费

养成记录每天消费数额的习惯。如果今天消费超出了预算值，就要适度约束以后的消费，以平衡自己的消费计划。

3. 不要掉进商家的促销陷阱

在你购物时需要关注的对象应该是物品本身，而不是能便宜多少钱。许多商家会把同系列商品捆绑销售，然后再进行打折，让消费者觉得配套购买比单独购买划算。而消费者往往考虑不到商家配套销售的物品并不是自己所需要的，不知不觉中就过度消费了。

八、倒霉起来，喝凉水都塞牙，这是真的吗

倒霉之后总会好，就像哭过之后总会笑。没有人会倒霉一辈子，就像没有人会永远走运一样。无论遇到什么事，都要对自己说：这是正常的。你要相信，现在的倒霉是为了以后的好运气。

王磊觉得自己最近特别倒霉。电脑死机总会丢失重要文件；开会总是迟到，早到了会议却取消了；去买爆米花的时候银幕上刚好出现精彩镜头；超市收银台排队另一排总是比较快，等他站过去时，原来站的那队又比较快了；一件东西很长时间都派不上用场，可一旦丢掉马上就必须用到……

王磊此时只想说："老天啊，我再也不管你叫爷爷了，你都不疼你孙子！"

心理解读

心理学家研究发现，坏事总是比好事更能引起人们强烈深刻的感受，这样人们也就更容易记得那些错误失败的经历，于是也就经常感到"喝凉水都塞牙"。所以，不是你倒霉，而是你的幸运你自己没有感觉到而已。

我们不停地抱怨：我的运气怎么这么差？难道真的是上天在跟我们过不去吗？倒霉的人总觉得自己倒霉，是因为他看问题的方法和"幸运的人总是幸运"的人不一样。倒霉的人思考的问题都是负面的、消极的，这其实是一种消极的心理暗示。在这种暗示下，人们往往比平时更容易出错。

其实，没有谁比谁倒霉，凡事都有个概率问题，只要发生的概率不为零，那该发生的总要发生，不管是坏事还是好事。灾难与幸运都是一样的，虽然发生的概率很小，可积累到一定程度时一定会爆发，这时除了能做些预防措施减少其发生的频率外，只能在它发生后耸耸肩把它忘记了。

"墨菲定律"并不是神灵，有些事情我们还是可以避免的。比如，你可以经常进行电脑维护，清除垃圾并安装较安全的防病毒软件来防止死机；可以在电影未开始前就买好零食放在旁边以防错过精彩片段；暂时用不上的东西可以找个地方收起来，在清理东西时仔细看下哪些是可能用到的。

投资时要谨慎。不能光想着如果赚的话能赚到多少，而应该提前想到，如果赔的话赔不赔得起，会不会为血本无归而悔恨莫及。如果你常常不把意外事件纳入考虑范围之内，那难免要遇到倒霉的事了。

至于"超市排队"也是有规律的。队伍的前进速度都是随机的，有时有些人买的东西过多或与收银员发生争执都可能延长你的等待时间。其实你完全可以放松心态不去理会这些事，旁边的队伍其实只比你快两分钟而已。

倒霉到家了，喝口水，都差点被呛死！！！

考虑不周到是难免的，我们所能做的就是在每一次犯错误之后，积极地找错误产生的原因，以减少错误的发生。想要少一些意外的麻烦，就要做到防患于未然。

九、在陌生的城市为什么会觉得时间过得很慢

在陌生的环境里，我们惊奇地发现时间流逝的速度变慢了；相反，在熟悉的地方时间又好像过得很快。同一时空里，时间流逝的速度永远不会改变，之所以有不同的感觉，是因为我们自己心中的意念在作怪。

霍晓达在一家外企工作，节假日的时候喜欢独自一个人背包旅行。这次他利用公司的一周年假去了一个他向往已久的城市。

在那里，霍晓达感受到了心灵的放松和自由。他漫步在街头，仔细地欣赏着这座城市的每一处风景和文化，细心感受着每一种风格和韵味。

平时匆匆忙忙的时间在这里似乎流逝得很慢，平时单调的生活也在这里得到了极大的丰富和满足。

待霍晓达回到公司，觉得过去的一个星期如一个月一样长，为此他不禁大发感慨。

心理解读

在陌生地方会有很多未知的感觉，不可测的事情随时发生，所以会感到时间过得慢。对这种现象，心理学家结出了一个规律叫作"陌生时长定律"，并且认为，之所以出现这种感觉，是我们自己心理的原因。

首先，在陌生的地方，我们的注意力是高度集中的。人总是对陌生的环境感到新奇，留意和观察每一个细节，这些新鲜的体验就会刺激大脑，让大脑产生一种迫切的体验感。因此，从感觉上来说时间走得慢了。而一旦在这

个环境里待久了，由陌生变成了熟悉，大脑受到的刺激降低，对周围的事物兴趣减少，时间又会重新"恢复正常"。

其次，我们对陌生地方的期待心理也会产生"时间变慢"的感觉。在去陌生城市之前，会有一段到达的旅程，由于期待心理的影响，我们对将要抵达的地方会产生一种莫名的期盼。所以，当进入这个环境后大脑就会格外注意这里的每一个细节，在感官上我们当然就会发现时间变慢了。

陌生时长定律在很多方面都有体现。比如，到外地出差，明明只去了三天，回来后却感觉去了半个月。

好多人总是嗟叹"人生苦短"，在看到这个定律之后，是不是要反思一下自己的问题呢？如果生活丰富多彩，每天都有新的刺激和挑战，生命就会以另一种方式延长，肯定不会给你这种悲凉的气息。如果你整天顾影自怜，把自己关在一个密闭的熟悉的小空间里，不肯出去走一走，不想呼吸新鲜空气，寿命即使超过100岁，对你来说可能也只相当于60年的价值。

陌生时长定律告诉我们，只有增加生命的质量，才能扩展生命的长度和宽度。就像一句经典的广告语说的：生命就像一场旅行，不必在乎目的地，在乎的是沿途的风景和看风景的心情。生命本来就应该是一个充满挑战的过程，不断地向陌生地进发，才是二十几岁的年轻人应该做的事情。

十、与失眠者对话：你是真的失眠吗

有人说，失眠就是在枕头上无尽地流浪。的确，失眠真的很痛苦，随着生活压力的增加，失眠的人也越来越多。不过据医生介绍，在众多因为失眠而就诊的人里面，许多人并不是真正的失眠，而是属于睡眠正常范围内的变化或者假失眠，并且这其中还以年轻人居多。

你是不是也正在遭受失眠的困扰呢？你能否确定你是真的失眠而不是因为心理作用而产生的假失眠呢？

26 岁的郭城池告诉医生：他失眠已经好几年了，夜间总是醒着，很少有睡着的时候，并且有记忆力减退、头昏乏力等症状。他的思想负担很重，觉得自己活得很累。

于是医生就给他做了一个睡眠脑电图的检查，结果显示他与正常人没有什么差别，夜间其实睡得很好。医生耐心地告诉了他检查结果，打消了他的思想顾虑，结果没有用药治疗，郭城池就恢复了正常。

心理解读

不是自己认为失眠，就是真的失眠。医学界的相关学者认为，许多人把疲乏无力当成失眠，将压力过大而产生的睡眠减少现象也当成了失眠。实际上，这是一种自我感觉方面的错误。

现在许多人都把自己的睡眠作为关注的焦点，稍有睡不着，就认定自己患了失眠症，有的还会发生失眠妄想，这其中有相当一部分人不过是假失眠。心理学家说，如果一个正常人在社会压力下长期认定自己患有失眠，那么经过一段时间后，他极有可能发展成为真的失眠患者！

假失眠症的主要表现如下：

缺乏常识，把每天睡
眠时间低于 6~7 小时即认
为是失眠

A

C B

判断错误，将自己的
睡眠质量在正常范围内
的波动，当作了失眠

自我心理障碍，在睡眠过程中的心理活
动较多。尽管实际上睡眠质量很好，可自己
总是感觉较为清醒地躺在床上

仔细看一下上述 3 个假失眠症的主要表现，再回头检查自己的睡眠，我们有时是不是过于大惊小怪了呢？还有一个现象是，一个睡眠时间较短的人和一个睡眠时间较长的人结为了夫妻，那么睡眠时间较短的一方，就有可能会认定自己患上了失眠，但其实他们都是正常的。

心理状态有时会决定人的身体状态，对于失眠来说正是如此。生活节奏加快以后，人的精神高度紧张，在早晨八点到晚上五点之间的这段时间，几乎没有任何放松身心的机会，渐渐就导致了心理疲惫。最后，直接影响到身体的感知。如果晚上睡觉之前缺乏有效的调节，睡眠质量就会急剧下降。

试想一下，假如正在被"失眠"困扰而焦虑的你，马上丢掉手机，放弃电脑，离开空调和咖啡，只带上一本讲述绿色大自然的书，住进一间僻静的小木屋。我想，你的睡意很快就会到来。由此也说明，失眠在更多的时候是一种心理现象。因为承受着过去的负担、今天的重压、明天的希望，而且无法缓解压力，身体忍无可忍，就会给你制造苦恼与烦忧，抗议你的"暴政"。

有一个人，从 35 岁开始失眠，一直到 55 岁，几乎每天晚上都睡不好，吃药也不奏效。后来他就去看心理专家，用一种绝望的声调问："医生，我还有救吗？"心理专家让他介绍一下自己这 20 年来的生活。这个人唉声叹气地说，自从 35 岁那年他第一次升职开始，失眠的现象就出现了，后来职务越高，失眠的情况就越严重。躺在床上，死活睡不着，吃什么药都不管用，有时恨不得一头撞死。

心理专家笑着说："那你什么药都不用吃，退休以后就好了。"半年后，就在退休回家的当天晚上，这个人的睡眠神奇地恢复了正常。

从这个故事我们就能得到一个最重要的启示：不管是生活还是工作，只有轻装前进，才能创造一生的幸福。

在我们的体内有一种潜藏的强大力量，它聚集了人类数百万年的遗传信息，但是至今无人能将它开发出来，这就是潜意识。一个人要想真正了解自己，就应当从潜意识入手。潜意识心理学，为我们揭开这些隐藏的秘密。

第五章

揭秘人类隐藏的思维
——潜意识心理学

一、微信"朋友圈"为什么成为一种心理慰藉

网络上有个段子说道:"每天早晨,人类从睡梦中醒来,不刷牙、不洗脸、不下床……第一件事就是奔向同一个 App——微信。此时,每个草根和屌丝都突然像是找到了皇帝批阅奏折时的感觉,要浏览比真皇帝的奏折还要多得多的微信朋友圈。"为什么会出现这种现象呢?这种现象背后又反映了哪些心理问题呢?

(一)成就感是高级目标,存在感是基本动力

社交网络就像是巨大的网,网住了每个人内心深处渴望被关注的点。在这里,你有钱可以晒车、晒房,没有钱可以晒今天吃的素馅饺子;你漂亮可以晒自拍,没自拍还可以晒自己认为重要的、独有的、得意的东西。

只要你一"晒",圈里的朋友就会看到,存在感瞬间就得到了满足;如果再有朋友围观点赞,那么连成就感都一起收获了。微信"朋友圈"之所以成为很多现代人的一种心理慰藉,很大程度是因为它满足了那些渴望被关注的人欲望。

张文新平时最喜欢刷朋友圈,每隔一段时间他都会打开微信看一眼是否有人给他评论或点赞。平时生活中的大事小情他都喜欢拿出来晒一晒。如果哪一天没有在朋友圈发布动态,他都不知道自己这一天做了什么。

张文新说:"我觉得存在感很重要,即使没有成就感,也必须有存在感。我不能干了一堆事儿,到最后没有人知道我到底干了什么。"

心理解读

无论你"晒"的内容是人还是物,是生活体验还是心情感悟,它们都有一个共同点,那就是都与你有关。从本质上讲,所有这些"晒"的行为,都是在向他人传递关于我们自己的信息。心理学家将这种行为称为自我表露。自我表露可以增加人的自我存在感、成就感,给人带来心理上的慰藉。

社交网络上的各种"晒"并不是一种病，它其实是我们的自我表露本能在虚拟世界中的延续。而沉浸在这种虚拟的成就感中不能自拔的行为则证明了你精神空虚、自信心不强。在现实社会中不易得到别人的认可，于是通过长时间发照片来塑造一种美好的形象，希望得到朋友的关注、羡慕。其实，幸福只是一种自我感受，与其费心炫耀，不如默默体会。

还有一些人过度热衷于直播自己的生活，从心理学角度看，这或许是倾向于"自恋"的表达方式。晨起、吃早饭、坐公交、理发……高频度的直播生活会给朋友造成被迫接受分享的负担，终究会让一些朋友无法忍受而疏离你。不妨放下手机，多参加一些群体性的公益活动，多接触陌生人；和家人朋友常聚会，多对老人尽孝，把关注的目标放在别人身上，学会沟通的技巧，人际关系得到进一步的扩展，就会摆脱自恋的影响。

（二）在"人群"中，你才感受不到孤独

许多人总是害怕孤独，且常常厌恶孤独，一旦独处便觉得焦虑、不安。于是一遍遍地刷微信，就是想看看朋友圈里的"朋友们"在做什么。将自己置身于微信的环境中，就不会感到孤独。然而，当你忙着刷屏、回复朋友圈里的信息时，往往是你最孤独的时刻。

胡雅婷是微信的忠实用户。她把每天的零碎时间都用来刷微信了，公交车和地铁上、午间休息，甚至上厕所都得拿出手机看一看。她说："微信对我来说就是一个有了头像的通信录。"

她的微信加了不少好友，有亲戚朋友、同学同事、广告微商，还有"摇一摇"认识的陌生人。每当她打开朋友圈，就会有各种各样的动态扑面而来：有娃的晒娃，没娃的晒萌宠，什么都没有的发自拍，要不就分享一个搞笑的

段子。每当看到精彩处，胡雅婷都会对着屏幕笑个不停，也不去理会周围人的目光。总之，只要她一刷朋友圈，就根本停不下来。

"虽然方便，但是我自己也觉得，微信太占用时间了。可是一会儿不看，我就心神不宁，生怕朋友联系不上我，错过什么重要的信息。"要是手机没电了，那真叫坐如针毡，干什么都没法儿集中精神，总觉得自己和全世界都脱节了，还会有一种无所适从的孤单感。"

心理解读

如今，许多人对于微信的依赖已经近似于一种病态，有人将之称为"微信依赖症"。实际上，时刻刷屏关注网络上的朋友动态并不代表一个人的朋友多，有可能是因为他内心孤独。正是因为一些人在生活、职场等主流平台上缺乏沟通的满足感，才会通过网络交流的频繁寻求某种心理平衡。

过度频繁的微信联系会让人产生习惯性的心理依赖感。他们对微信产生了依赖性，此消彼长，就越来越不习惯面对面交流，面对面交流的能力也就下降了。使用微信的主要群体是中青年，本来就多多少少存在社交能力不足的问题，而微信却"满足"了这种不足。所以微信无法真正地减轻孤独感，就像喝盐水不能解渴一样，只会让人更口渴。

微信打破了交流的时空限制，是人类交流的延伸，代替一部分现实交流是必然的。但是虚拟交流和现实交流并不矛盾。我们应该控制好微信虚拟交流和现实交流的度，利用好微信方便我们的生活，而不是被微信操纵，失去了现实交流的能力。

影响人的孤独状态的不是社交数量而是社交的质量，永远在线带来的只能是随时被干扰、被强迫。如果你觉得孤独，就说明你有感情上的需求。这时应该做的就是直面真实的生活，找人聊天排解自己的情绪，而不是寻找感情的替代品。网上友情容易获得，但这种亲密关系存在着随时失去的风险。虚拟的热闹无法赶走现实的孤独，沉溺其中，只会让现实中的你越来越孤独。

二、为什么没有做"贼"也会觉得心虚

在生活中，很多人有过类似的感受：在超市、图书馆、机场过安检时担心警报器会响，被人当作小偷；同事交往时不小心碰掉别人的物品，担心被别人认为是故意所为。

我们害怕误会，更怕误会多了会"众口铄金，积毁销骨"，所以在面对可能引起误会的事时总是无端地怀疑自己，没有"做贼"，也会心虚。

其实我们没必要听别人怎么说，你只需要做好自己。就如但丁说的那句话："走自己的路，让别人说去吧！"

张恒的新上司刚刚上任一个月，他们彼此了解并不多。但是公司所有人都知道张恒和刚刚离任的上司关系非常好，但其实他本人对这次人事调动并没有什么想法。

这天他的新上司交给他一个案子，并对他详细地交代了办理的流程和时间限制。但是这并不符合公司的规定和以往处理案子的流程。张恒想向新上司解释，公事公办，但是又怕提起上任上司的处理方法让新上司误会他不听指挥、挑衅找茬、故意排挤。

为此，张恒非常纠结：照着新上司的要求做，为难自己；不按新上司的要求做，不知该怎么解释。张恒心想：明明自己没有排挤新上司的意思，但是怎么总觉得自己像做了亏心事一样！

心理解读

生活中，许多人没有做"贼"，依然会觉得心虚。其实这是由于自我暗示，你担心一件事会造成别人的误解，这件事就会在下面的 60 秒内不可避免地出现在你的脑中，于是就形成了一种对自己身体的高强度暗示，导致你产生紧张、焦虑、急躁不安等反应。由于你的表现，往往你越担心被人误会，就越容易引起怀疑。要想避免无端的心虚，可按照以下 3 种方法去做：

避免
心虚

- 不要将事情想得太复杂
- 如果被误解，也要足够淡定
- 如果觉得可能产生误会，还可以提前做好铺垫

首先，不要将事情想得太复杂。把事情想得简单直接一点，就不会出现心理暗示的情况。在人际交往中我们要充满自信，身正不怕影子斜，只要没做错事，就不要担心别人的怀疑和误解。

其次，如果被误解，也要保持淡定。无意义的争辩、纯粹地发泄情绪只会让误会加深，即使不是你做的，别人也会觉得你"心虚"。有误会就解释，即使面对别人的嘲讽也不要放在心上。偏见是生活中的一部分，我们难以避免，但偏见并不是一种恶意的攻击和排斥，而是缺乏了解的情况下人的一种本能反应而已。

因此面对生活中的一点儿不公平，无须把事情想得太复杂，更无须对别人的偏见抱有敌意。做好自己，要学会甩掉包袱，小事不要放在心上，和没发生一样同别人打招呼，以你正直的品格去感染他人，别人了解你之后误会自然会解除。

最后，如果觉得可能产生误会，还可以提前做好铺垫。把事情说清楚并表明自己的态度，可以有效地防止接下来误会的产生，坦坦荡荡，也就避免了"心虚"的情况发生，减少自己的焦虑和担忧。

三、为什么"说曹操，曹操就会到"

人们常常有这种经验：有时正在谈论或者你刚刚想到一个人，这个人就出现了。于是，我们就感叹：真是"说曹操，曹操到"。其实真的就有那么巧吗？并不是，这只是我们的心理因素在起作用。

张琦是个爱八卦的女孩，公司大事小情没有她打听不到的，平时她总是偷偷和同事们分享一下"情报"，但是最近她发现自己只要提到谁，那个人总是恰巧出现在身后，于是再也不敢背地里聊别人的事了。

张琦有时忍不住心想：难道真的是"说曹操，曹操到"吗？有这么巧的事吗？

心理解读

我们生活中还有许多类似的现象，比如，"受伤的手指总是被别人碰"，其实这种想法只是由于我们对受伤的手指比较在意。由此我们亦可推知，许多我们无法用常规解释的所谓的神奇之事，可能就是因为我们对事情发生之前、之时、之后的背景知识了解不够多。可见，只要足够的了解，许多事就不再神秘了。

四、为什么许多人上 QQ 却喜欢 "隐身"

QQ 作为一种即时聊天工具被很多人所喜爱，但是许多人即使在线也喜欢装作"我不在的样子"。是什么心理促使这些人变成了"万年潜水员"呢？为什么点亮头像对于他们来说会不舒服呢？

（一）暗处有种安全感

上 QQ 时喜欢 "隐身" 的行为有很多种原因，其中一种就是喜欢那种 "我在暗处，别人在明处" 的感觉。将自己 "隐身" 在暗处，有一种可以窥视其他人的生活，但其他人却看不到自己的安全感。这种感觉让人觉得自己的隐私受到了保护，避免了将自己暴露在众人视线中而产生紧张和不安。

熟悉张维的人都知道，她的 QQ 永远是灰色的，并不是说她从不在线，而是即使在线也是 "隐身" 状态。"我习惯了 QQ '隐身'，也习惯了这种没事儿深度潜水、有事儿出来冒个泡的感觉。只要我的头像亮了我就有一种被围观的焦虑感，会觉得尴尬和紧张，这种感觉令我坐立不安，" "我理解不了那些上 QQ 不 '隐身' 的人，感觉他们做什么大家都会知道，就像在大街上裸奔一样。"

心理解读

依靠暗处来寻找安全感是一种羞怯的、自我封闭的心理特征。这种人通常对自己缺少自信，与人交往时也常常会觉得紧张和不自然。

想要消除这种羞怯心理，首先要克服自卑感，增强自信心。要让别人承认自己，必须先得到自己的承认。不要对别人如何评价自己太敏感、太介意，要学会正确、客观地评价自己。自问一下："我真的就这么见不得人吗？""我真的不能像他人那样交谈、处事吗？"如果不是这样，你就无须为此担心；如果真是这样，也没什么大不了的，只要今后把注意力放在如何改进上即可。

其次，去除心理上的孤独感。把自己融入你所在的环境中，相信自己可以在所处的环境中找到朋友。勇于把自己暴露在阳光下，让更多的人认识你、了解你、喜欢你。

最后，多参加社交活动，千万不能采取回避态度，要在实践中掌握克服羞怯心理的有效方法。不要下意识地把自己藏起来，要努力提高自己社会交往和开放自己的意识。在社会交往中确认自己的价值，实现人生的目标，成为生活的强者。

（二）"隐身"是你为沉默打的掩护

我们不得不说，"隐身"为沉默提供了很大的帮助。当我们不想说话时，可以用"隐身"的方式装作自己不在线，这样就避免别人讲话而自己不回复所产生的尴尬。然而人际关系是需要维护的，QQ也正是这种维护关系、拉近距离的工具。一味地回避交流、拒绝沟通，只会让你的人际交往越来越被动。

王锐平时是一个沉默寡言的人，在QQ上也同样很少说话。老朋友与他联系、新朋友与他聊天，他都不知道怎么回答，于是往往是寒暄几句就不知道接下来要说些什么了。这种情况使他感觉很尴尬，慢慢也就不聊天了。他将自己的QQ设置为一登录就自动"隐身"，除非重要的事，否则即使有人给他发消息，他也当没看见。

心理解读

很多人说起自己"隐身"的原因都是怕别人打扰，其实这只是逃避交流的借口。这种行为源于自己对同步交流的焦虑感。

想要摆脱这种交流焦虑感，首先要学会放松。比如，哪里新开了一家餐厅、什么地方最适合度假这类话题都是很好的开场白。

"沉默是金"在交际场合根本行不通，并且不礼貌。你以为你"隐身"了别人就发现不了你在线，但是时间长了你的冷落一定会被别人察觉。你在线时如果遇到别人的交流邀请，如果时间允许就尽量不要回避，勇敢地面对，即使不知道聊什么也要有所回应，哪怕只是发几个表情也能体现你友好的态度。

（三）上线是为了打发时光，"隐身"是为了躲避失望

有的人每天的大多数时间都在线，但是从来都是"隐身"，不是他们不喜欢与人沟通，而是害怕自己上线后却不被重视，没有人来找他们聊天。于是选择了"隐身"这样一个"掩耳盗铃"的方法来安慰自己，告诉自己：大家不找我是因为找不到我。

心理解读

人类是群居动物，有互相倾诉、交流的本能需要，当这种需要无法在现实中满足时，许多人就会寄希望于网络。所以有专家称："社交网络就是为孤独而生的。"因为忍受不了孤独，所以频频上 QQ，发现 QQ 上也没有什么人找自己，于是就接着感受更深的"无存在感"。为了平衡内在和现实的矛盾，即产生了折中的办法——隐身 QQ。

选择隐身求得的心理平衡是对大脑的一种欺骗：不是别人不找我，而是我不想被别人发现。然而这毕竟是治标不治本的，想要解决内心的孤独感，必须寻找其他方式充实自己空虚的内心。写日记就是很好的抒发情感的方式，也可以适当地增加户外运动，多阅读一些有意义的书籍、报纸、杂志，培养

自己的兴趣爱好，充实自己的生活。

五、得不到的为什么总是更有吸引力

《红玫瑰》中唱道"得不到的永远在骚动"。的确如此，人的欲望是无穷的，总是觉得得不到的更具神秘感，更有吸引力，而已经拥有的似乎并不值得珍惜。无论什么东西，隔着一段距离看才比较美，离近了就会看到以前忽略掉的缺点和不完美。然而得不到的并不一定都是好的，我们要明白的道理就是且行且珍惜。

王美钰毕业后在一家小公司做会计，虽然工作很稳定，收入也不算少，但总觉得不太满足。每当她听到在大公司上班的同学讲起工作上的事情时，都会由衷地羡慕。在她眼里，大公司机会多、成长空间大、结识的人层次也高，一切都比自己现在的条件好。于是她打算跳槽。

然而，在她面试了几家大公司之后，她都被以各种理由拒之门外。虽然她也意识到自己的能力不足，但她对大公司的向往和崇拜没有减少半分，反而觉得大公司的一切更加有吸引力了。

心理解读

在心理学中，适当的空间距离最能令人产生心理上的吸引效应，这也是得不到的东西总是感觉比较有吸引力的原因之一。心理学家的研究还发现，越是难以得到的东西，在人们心目中的地位越高，价值越大，对人们越有吸引力，轻易得到的东西或者已经得到的东西，其价值往往会被人所忽视。

在我们的生活中，快乐和烦恼都是有刺激源的，我们之所以对得不到的东西念念不忘，是因为得不到的东西刺激了我们的征服欲。人天生有一种征服欲，越是得不到越是愿意去争取。其实你费尽心机争取的并不一定是你真正需要的，你所追求的只是征服过程的刺激和征服结果的快感。所以得不到的并不都值得去追逐，看清事实，认识事实，只追求那些你真正需要的，才不会浪费时间和生命。

得不到的东西总是更有吸引力，因为它让你学会了欣赏。正是因为你的求之不得，所以你学会了远远观望，静静欣赏。欣赏会让人产生一种珍视的心理，这时你会本能地忽略它的一切缺点，只关注它的优点，走入一种判断上的误区。所以面对求之不得的事物时，我们要尽量保持客观、冷静的心态，经过全面分析，沉着应对，不要被自己的感官所蒙蔽。

此外，禁止是使一件事物变得有吸引力的最有效方式。这是因为人们都有一种自主的需要，都希望自己能够独立自主，一旦别人代替自己做出选择并将这种选择强加于自己，使自己得不到时就会感到自己的主权受到了威胁，从而产生一种心理抗拒，排斥自己被迫选择的事物，同时更加喜欢自己被迫失去的事物。

如果没有强行的禁止，当你得到了你想得到的事物时，你也许就会发现它其实也不过如此。

六、为什么重复总是使你厌倦

我们生活在一个速食时代，被各种各样的信息刺激、轰炸。科技的发展，让我们习惯了所有的满足即刻得到。随之而来的，就是缩短注意力的周期。有些人甚至改掉了那种长期在一件事上集中注意力的习惯。这一切都让厌倦感更容易产生。其实重复并不意味着单调和乏味，坚持一件事并做好它，最终会带给你更多乐趣。

"我干得最久的一份工作,一年半!"戴薇的履历上写着一份长长的跳槽记录。她遇到的麻烦是:"我在面试的时候,总被问到为什么老是换工作。"显然,人们会质疑这样的人会不会踏实工作。

戴薇对自己也很困惑:"我常设想,如果当初在一份工作上坚持到底,现在的我会是什么样子。其实我也挺希望稳定的,可是我受不了这种重复、没有新奇感的工作,这会让我毫无动力。"

她的厌倦感表现为在任何事情上都无法投入专注力:"即使对那些我原本觉得挺有趣的东西,一旦重复做我还是很容易就感到厌倦,我也不知道这是为什么。"

心理解读

许多人面对工作和生活会产生厌烦的情绪,从心理学上来讲这是一种心理饱和现象。所谓的"心理饱和"现象往往是由许多一成不变的事物造成的,就是说人已经处在一种相当厌烦的、不想再继续的心理状态,也就是通常说的"腻了"。

想要解决这种心理饱和引起的厌倦症,可以尝试以下4种方法:

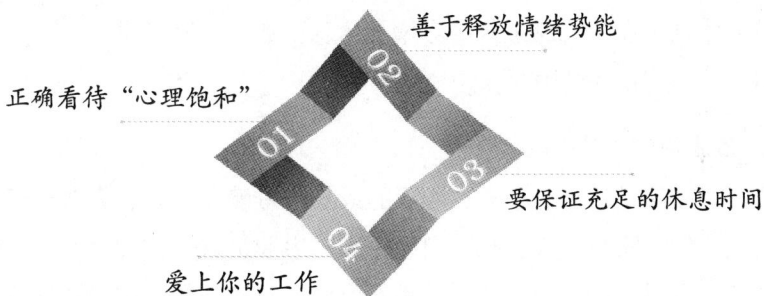

善于释放情绪势能

正确看待"心理饱和"

02

01

03

要保证充足的休息时间

04

爱上你的工作

1. 正确看待"心理饱和"

如果你能把战胜"心理饱和"当成对自己未来的一种改变,重新审视自己,学会合理地安排各种任务,建立有张有弛的生活、工作节奏,制订切实可行的工作目标,对时间进行合理管理,压力就会大大降低。

2. 善于释放情绪势能

人有时会觉得抑郁无聊，干什么事都无精打采，进而出现头昏脑涨、心烦意乱的状况，这是一种"情绪饥饿"。如果人长期得不到情绪的体验，活力就会逐渐丧失，烦恼和疾病就会缠身。因此，当每天做同一种工作出现厌烦情绪时，不妨自我轻松一番：活动活动身子，或极目远眺片刻，或散散步，或与别人说说话，舒缓一下紧张的情绪，这样就可以减少"心理饱和"带来的精神压力。

另外，要寻找多种宣泄不良情绪的途径，积极培养生活乐趣。学会或参与一门艺术，无论是投入地表演，还是入迷地欣赏，都能使自己在一种特殊意境中获得一种乐在其中的情绪。若解不开心结，可以请医生指导，对亲友倾诉，别让"心理饱和"成为自己的包袱。

3. 要保证充足的休息时间

充足的睡眠是使大脑保持良好学习状态的必要条件。剥夺睡眠使大脑过度疲劳，会产生对学习的厌倦感，导致"心理饱和"。如果自己感到疲倦了，最好马上休息。在学习和工作中应增加休息次数，一般来说，一小时内应有一次 10 分钟左右的休息时间。

4. 爱上你的工作

今天的成就是昨天的积累，明天的成功则有赖于今天的努力。把工作和自己的职业生涯联系起来，为对自己未来的事业负责，你会容忍工作中的压力和单调，觉得自己所从事的是一份有价值、有意义的工作，并且从中可以感受到使命感和成就感。

七、为什么他总是钟情于那个位置

当一成不变的工作已经成为你的思维习惯，你总是会给自己贴上这样的标签：我只喜欢这个工作，别的工作我不想尝试，也肯定做不好。

其实不然，每个年轻人都很有天赋，我们应该鼓起勇气尝试一些新的工作，也许你会发现原本被你否定的工作其实正是为你量身定制的，只要你敢于迈出自己画的圈，成功并非遥不可及。

马健在原来的公司一直做市场部的助理，虽然他的能力可以达到市场部经理级别，但是由于很多原因一直没有被提拔。于是他决定跳槽到另一家公司，目标职位就是市场部经理。

新公司老板非常欣赏他的才华，决定留下他，可是公司的市场部并没有职位空缺，于是公司提出了让他考虑一下做行政部经理的建议。马健之前完全没有做行政工作的经验，而且他一直很熟悉并且很喜欢市场部的工作，对市场部经理这个位置也有一种执着的向往。他害怕自己做不好行政的工作，但是这次机会又十分难得。为此他非常纠结。

心理解读

许多人长期以来从事某种职业或工作会形成一种"刻板印象"：我只适合这一种工作。面对新的工作或挑战时，他们会本能地选择逃避和退缩。其实这是一种不自信的表现。

想要战胜这种畏难情绪，可以尝试以下 3 点建议：

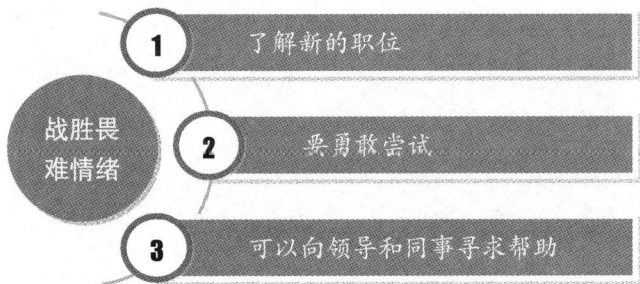

战胜畏难情绪
1. 了解新的职位
2. 要勇敢尝试
3. 可以向领导和同事寻求帮助

1. 了解新的职位

在不了解的情况下，一切定论都为时过早。做出决定前，要对自己的能力和工作的难度系数做一次准确、客观地评估。判断自己的能力能否胜任这份工作，如果暂时胜任不了，又能否通过努力学习和经验积累最终胜任。理智分析后，再决定自己是否要尝试。

2. 要勇敢尝试

你不可能一辈子只做现在的一件事。每个人都不可能一次性地就找准人生的位置，成功的人生都是通过反复尝试才精确定位下来的。只有勇于走出熟悉的家园，才有机会看见大千世界的壮美景色。

3. 可以向领导和同事寻求帮助

不要害羞和胆怯，遇到问题要及时汇报，主动寻求解决问题的方法，积累经验。没有谁天生是什么都会的，不懂的地方可以学习。一个人的潜力是无穷的，凡事都要试一试，没试就承认失败，这才是最大的失败。

职场竞争激烈，要想在职场游刃有余就必须掌握一些职场生存技能。无论你是新人还是有经验的老员工，掌握职场心理学都是你规避风险，求得发展的绝佳方法。知己知彼方能百战百胜，掌握了职场心理学，你就可以透视周围人的内心，看透职场上的虚假与真实。职场心理学让你在工作中游刃有余，成为赢家。

第六章

"职场江湖"的生存技能
——职场心理学

一、"就业季"到来，候场焦虑是否让你痛苦不堪

在匆匆忙忙的"就业季"，网申、面试、实习是永恒的主题。此时此刻，无数刚刚走出象牙塔的学子正在社会的舞台边缘焦急地候场。面对激烈的竞争、未知的未来、迷茫的前途，他们显得焦虑又痛苦。怎么才能找到好工作？怎么才能找到适合自己的工作？自己到底想要做什么工作呢？这些都成为大多数毕业生面临的问题。

（一）焦虑、痛苦，我的工作在哪里

曾听过这样一则笑话："天过流星，你来许愿：明天一定要找到工作！结果流星又回去了。"此话虽然有点夸张，但是却反映了一个现实："就业季"，工作真心不好找，好工作更加不好找。所以，暂时找不到工作的人绝不只有你一个，不要焦虑，今天找不到，明天也许就找到了。

张哲是一所二本大学人文专业的毕业生，毕业后他每天包里装着几十份简历，参加面试。每天早上，他穿戴整齐去面试，遭到拒绝后匆匆解决午饭，下午再调整心态去另一家用人单位面试。这期间也有几家公司表示愿意给他机会，但是由于待遇和薪水问题，张哲拒绝了。一个月下来，还没有找到工作的他开始面临生活上的危机。

张哲是一个很要强的人，他认为毕业了就是走上社会独立，无论再苦再难都不能再用父母的钱。于是他常常是一天只吃一顿饭，一个月下来就瘦了好几斤。看着同学们找到了不错的实习单位，他的心里非常焦急。

心理解读

由于高校的扩招，如今大学生就业难已经成为一大社会问题。这其中有一定的社会因素，当然也和大学生的个人因素密不可分。

有些大学生对于就业的期望值过高，高不成，低不就，就业自然十分困难；也有一些大学生由于缺乏就业指导，不能确定自己适合什么样的工作，从而错过适合自己的企业，导致找不到工作；还有一些大学生是缺乏面试经验和技巧，无法表现出自己正常的状态和能力，从而错过机会。

针对这些情况，特提出以下 3 点建议：

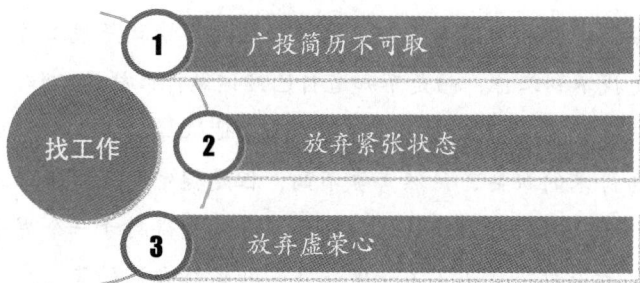

找工作

1 广投简历不可取

2 放弃紧张状态

3 放弃虚荣心

1. 广投简历不可取

很多求职者都习惯在网上广投简历。必须承认的是面试电话是多了，但是成功率很低。由于对公司情况不了解，导致千辛万苦去面试，却没有结果，白白浪费了时间和精力。

所以，投简历之前要有目的性。要认真分析对方的招聘信息，对简历做适当的修改再寄出去。有针对性地介绍自己，会让公司知道你是认真考虑了公司的职位要求和自身条件才投的简历。

2. 放弃紧张状态

不要把面试安排得过密，要确保自己每次去面试前都是放松的状态。每天多场面试会使人处于一种紧张的状态和被拒绝的心理阴影之中，如果调整不过来就会影响接下来的面试。"就业季"每分每秒都很宝贵，也许你今天由于状态不好而错过适合你的工作，以后就再也找不到适合自己的了。

3. 放弃虚荣心

一份好的工作不是福利多好、薪水多高，最关键的是适合你。只要能做自己想要的工作，大公司、小公司都无所谓。更没必要为了得到别人羡慕的眼光而强迫自己非要找到什么样的工作，人是活给自己看的，不要被虚荣心所摆布。

（二）纠结迷茫，未来的路选哪条

走出校园，瞬间迷茫，未来的路到底选哪条？人生的第一份工作就犹如方向标，它直接指明了我们未来的发展方向。所以，不管你学什么专业，找工作一定要找一个真正适合你的，这样你每天从早上 6:00 到晚上 20:00 都是高兴的，你的工作热情从月初到月末都是激情澎湃的。

张泽瑞毕业了，和所有人一样，他最烦恼的事情就是找工作。然而最令他烦恼的不是找不到工作，而是不知道自己应该做什么样的工作。

眼下最纠结的是两份工作：一份是家人帮他选择的工作——文员。这是一次好不容易得来的机会，虽然工资不高，但是稳定；还有一份工作是他正在犹豫的——某公司的产品销售员。因为张泽瑞觉得对于一个男士来说，天天在办公室里待着打字复印，不如做销售，能锻炼自己的能力，还能接触到不同的人，增加自己的阅历。

于是，张泽瑞陷入了深深的纠结中。

心理解读

由于缺少职业生涯规划和就业方向指导，许多毕业生不清楚适合自己的工作有哪些，当面临就业选择时，就会产生迷茫的心理。如何选择真正适合自己的职业呢？以下是两点建议：

1. 花一些时间思考你将面临的工作

我能否做好这份工作呢？大多数人可能没想过这个问题，唯一的想法是我想要一份工作，我想要一份薪水不错的工作。对于薪水的要求每个人都能理解，但是你想每隔几年重复一下找工作的过程吗？你想每年都在这种对工作和薪水的焦虑不安中度过吗？

越是焦急，越是觉得自己需要一份工作；越饥不择食，越想不清楚，越容易失败，你的经历越来越差，以致下一份工作的招聘人员看到你的简历都皱眉头。

正确的做法是无论你的知识背景和家庭背景怎样，在找工作之前都要问自己三个问题：我想做什么？公司需要我做什么？未来我想干什么？想清楚这三个问题，再下决定也不迟。

2. 性格决定命运，合理定位自己

对于个人来说，尽量选择适合自己性格的工作，因为每种工作对从业者的性格都有不同要求。比如服务类工作，一定要亲和、热情、周到；软件开发人员则需要严谨、认真、善于合作。一个人的优势、价值得到发挥，才有利于实现人生价值的最大化。心理学家将人的性格分为以下 9 类，可在选择职业时作为参考：

好表现型：此类人适合选择能够展现自己爱好、特性的工作，适合从事与艺术创作相关的工作。

严谨型：此类人倾向于严格、努力的工作。可以做科学研究、会计师、资产评估师等职业。

变化型：此类型的人不喜欢循规蹈矩，喜欢多样化的活动，可以考虑从事演员、记者、推销员等工作。

重复型：此类型的人并不会因为重复同类型的工作而心烦，反而能严格按照计划和进度办事，喜欢有规则的、有标准的职业。比较适合从事专业技术工种。

协作型：此类型人渴望与不同的人打交道，想得到同事们的喜欢，适合从事咨询等工作。

劝服型：此类型的人对于别人的反应有很强的判断力，且善于影响他人的态度、观点和判断。适合从事辅导、行政等工作。

机智型：此类型人应变能力超强，在危险状况下能自我控制和镇定自若，能出色地完成任务，比较适合从事商务谈判、警察等职业。

服从型：此类型人可以严格按照别人的指示办事，不愿自己独立做出决定，而喜欢让他人对自己的工作做决定，可以考虑做办公室职员、秘书、翻译等工作。

独立型：此类型人喜欢计划自己的活动和指导别人的活动，在独立的工作环境中会比较愉快，喜欢对要发生的事情做决断。适合从事的职业有管理人员、律师等。

二、选择"隐性就业"，对于"90 后"是福还是祸

近年来，大学生隐性就业族的规模不断扩大。一方面是受到市场需求、专业冷热程度等客观因素的影响，另一方面也反映了大学生就业观念的转变。虽然没有固定的工作，也不像上班族那样收入稳定，但不少隐性就业族靠打零工依然过上了优越的生活。那么，大学生选择"隐性就业"的做法是否应该支持、鼓励呢？

广东珠海，来自山西太原的武龙在租住的房间内敲打着键盘，写着自己的原创小说。

2015 年大学毕业后，武龙很长一段时间都没有找工作，而是自己在家当网络作家，最开始是帮别人当"枪手"，由网站出主题，自己负责写稿，以字数计算稿费。那时，每月收入 3 000 ~ 8 000 元不等。后来，武龙自己单独写小说，再出售给网站发表。

"一家名为'一起读'的网站上的《阴府协警》就是我的作品。这部小说的版权被这家网站买断了。"说起这部得意之作，他很兴奋。"我很喜欢这种状态，相比传统工作，自己的生活更加自由，也更能释放个性。"武龙说。

心理解读

"隐性就业族"是指那些没有通过规范就业渠道获得固定职业，而通过拆分时间，同时做数份短暂"零工"获得收入的大学生一族。比如当翻译、开网店、当自由撰稿人、做家教等。他们的职业状态并未反映在政府有关部门的统计、记录或其他管理劳动就业的形式中，所以称他们为"隐性就业者"。

与传统就业形式相比,"隐性就业"相对宽松自由的工作环境、工作时间、较高的收入及较强的自主性等因素,满足了"90后"大学生的心理预期与个性化需求,受到大学生的欢迎。

"隐性"就业对不少毕业生来说,算是一种就业前的"热身",金融危机下这种现象更多。由于称心的工作不好找,又不想闲着,于是趁着这个时候充电、积累经验,等经济环境好转后,这些毕业生还是希望找到合适的正规职业。

尽管有不少人每月赚的钱与在公司就职差不多,甚至更高,但目前隐性就业者背后的权益保障缺位,社会缺乏足够的理解、支持也是不争的事实。许多隐性就业者都面临着很大的生存压力。

隐性就业族的工作缺乏稳定性,往往也没有固定的劳动场所、劳动时间和劳动报酬,所以常常处于弱势地位。很多"隐性就业者"是兼职的,没有和用人单位签订合同,所以一些权益可能得不到保障,发生纠纷时难免会有些被动,同时缺乏单位福利、住房公积金等社会保险。

虽然现在各高校都在主张先就业后择业,但对于"隐性就业"的学生来讲,还是应该对自己的以后有个正确和长远的规划。选择"隐性就业"的大学生应与用人单位进行平等的谈判,尤其是当合法权益受到侵害时,要主动通过法律途径寻求补偿。

三、你是否想走出职业倦怠的沼泽

"工作低潮"或"工作倦怠"就像五线谱上高高低低的音符,总是隐藏在工作情绪之中伺机而动。目前,职业倦怠正严重地影响上班族的精神和身心健康,给工作、学习和生活造成不良影响。那么,如何走出职业倦怠的沼泽呢?

"如果我每年不能挣到一定数额的利润，我的业务就无法运转下去。"在平面广告业奋斗了 11 年的高海燕每天都面临这个问题。"10 年前，我什么困难都不怕，一心往前冲，多大的困难都能克服。可现在，我的经验多了，胆子倒变小了。面临同样的压力，我无法做到盲目乐观了。我为人不够老到，在工作中遇到突如其来的问题时，常常表现得束手无策。"

"每当这时我的厌职情绪就滋生出来，非常想逃避，不想上班。其实我心里明白，不能就此放弃。于是为了排遣压力，我就找个没人的地方。比如，坐在车里听着伤心的歌大哭一场，这办法还挺管用的，哭过之后心情会轻松不少，这算是给自己减压的办法。"高海燕说。

心理解读

工作倦怠时往往会出现这样的状况：连续好几天都无法顺利入眠，早晨也时常在恐惧中惊醒；心中仿佛有块沉重的大石头压着，时常对着天花板发呆，脑中一片空白；没有办法提起劲头工作，而且觉得无所适从；对目前的工作产生极大的厌恶感，并对同事产生不满情绪，有一种快被逼疯的感觉。

轻度的挫折型厌职来自对目前职业的不满：工作枯燥无味、工作条件太差、报酬太低、离家太远、工作时间太长、没有发展前途、同事关系难处、领导脾气太坏等。

还有一种平台期的厌职倾向。当对一项工作已经熟练掌握，并且发现上升空间被限制的时候，厌职情绪就会袭来，这种情况在具有一定工作经验和一定职位的人中非常普遍。

心理自愈

想要走出工作倦怠的泥沼，可以尝试以下 5 种方法：

给紧张的心情放个假

换个工作环境　　　　　　　　　　用坚实的计划取代梦想

用创新来冲淡"老驴推磨"　　　　走出工作倦怠　　　　堤内损失堤外补

1. 给紧张的心情放个假

长期从事压力大的工作需要具备激情、经验、毅力和好心态。如果对照之后发现自己有某些不足，就应该着重培养和锻炼。一旦发现自己因为压力开始厌职，就应该给自己的心情放个假。

不妨记下公司几个附近可以发泄情绪、振作精神的地方，如小公园、书店、咖啡厅、保龄球场等。在双休日，还可约上三五知己去郊游、泡温泉、钓鱼、划艇等。这样会使你的情绪放松，压力有所缓解。

2. 换个工作环境

如果你真的感到所从事的职业不适合你，如果你仅仅是看在钱的份儿上才勉强应付，那么长痛不如短痛，适时给自己换个更适合的岗位吧。因为做自己喜欢做的事，你才不会感到倦怠。

转换工作环境不仅是转换岗位，也包括改变工作中的气氛。想要拥有积极向上的工作心情，最重要的就是营造一种"工作真好"的气氛。调查发现，许多效率高的工作场所每个小时至少都会传出 10 分钟的笑声。因此，不妨尝试在工作的地方制造乐趣，即使是个小玩笑，也有益健康。

同时，工作时四周的摆设也会影响工作情绪。有些时候，杂乱无章的工作环境会令工作效率低下。所以，不妨将自己的工作空间整理妥当。除了让每份文件都有可以归类的地方，亦可利用一些颜色鲜艳的小海报、有趣的摆设或绿色盆栽振奋工作心情。

3. 用创新来提高工作激情

要让自己对所从事的职业不感到倦怠，除了要有我们通常所说的责任感外，还要抗拒机械的"搬砖"心理，要不断地创新、不断地进步。

当意识到自己工作倦怠时，不妨把厌职情绪深入解释为内心潜在的危机感和焦虑，着手做好防卫的准备。在仔细思考自己职业目标的同时，在工作中尝试一些变革和突破，会有效地缓解平台期厌职情绪，化不利为有利。

4. 用坚实的计划取代梦想

一个没有目标的人，就像多头马车一样漫无目标，令人泄气。因此，只有弄清自己工作的意义，才能启动你的生命活力。所以，不妨试着将自己的工作目标写在纸上。为了财富增长，可具体规定多长时间达到怎样的数额；为了升职或提高个人能力，也可给自己下计划书，规定在多长时间内掌握某种技能或取得某种证书等。不论是为了追求自我价值，还是要拥有一个温暖的家，都能鼓励你逐步前行。

5. 堤内损失堤外补

有些人只知道拼命工作。开始是在晚上加班 1~2 个小时，不久便整星期地加班，最后连周末也成了办公时间。这类人除了工作，几乎没有任何社交活动，时间长了，难免会对自己的工作产生反感。

解决办法是：把自己的爱好和业余活动当作本职工作一样认真对待，并同样引以为豪。

培养一点兴趣爱好并不需要太多钱和太多时间，关键是放松心境，调整好心态。这不仅能使心灵与精神有所寄托，还能让你拥有另一个成长的空间。

四、别被"酸葡萄心理"干预，坦然面对职场之失

人生不如意之事十之八九，面对求而不得的失败，我们最应该保持的就是一个坦然的心态。吃不到"葡萄"时，与其说葡萄酸而放弃，不如守护在葡萄藤下，直到靠自己的能力顺利摘下。

周伟和张智博是一同进公司的两个新人，虽然平时相处得十分融洽，但是私下竞争却很多。听说领导最近一次出差有意带一位新人出去见见世面、熟悉业务，两个人都暗下决心，积极表现，希望争取到这次机会。

果然，出发之前领导通知了周伟，要他陪同出差。周伟非常高兴，一有空就向有随领导出差经历的同事取经，仔细询问细节和注意事项。每当这时，张智博心里就感到不平衡。

在一次周伟和张智博聊起即将出差的事时，张智博不冷不热地说："出差有什么好啊，吃不饱、睡不香的，还要时刻小心不能犯错，不如在公司待得踏实。"周伟听了十分不悦，起身就走了。同事们听见了张智博的话，都暗暗

嘲笑他，说他"吃不到葡萄，还说葡萄酸"。

心理解读

"酸葡萄心理"，是指因为自己真正的需求无法得到满足而产生挫折感时，为了解除内心不安，就找理由丑化得不到的东西，或者编造一些"理由"自我安慰，以消除紧张，减轻压力，使自己从不满、不安等消极心态中解脱出来，保护自己的自尊免受伤害。

然而，面对求而不得的失败，"酸葡萄心理"会使我们失去进步的机会，会阻碍我们的成功。坦然面对得失，才能正视自己的不足，才有积极进取的动力和勇气。

不能让"酸葡萄心理"演变成一种忌妒心理。存在忌妒心理的人心胸狭隘，心中容不得别人比自己优秀，根本就不懂得真诚地赞美别人。要承认他人的优点，正视他人的优势。一个人若忌妒别人，就失去了向他人学习的机会，还会失去友谊，影响团结。这样不仅令人不快乐，自己也不快乐。

五、看看你的"逆商"指数有多高

李嘉诚说：一个人只有勇于面对和忍受逆境的痛苦，成功的机遇才能表现出来。的确如此，一直以来，我们关注最多的总是"智商"和"情商"，但是当挫折出现在我们面前时，更需要"逆商"来打造自己的好心态。挫折是不能回避的，抱怨也无法解决问题，所以如果你不甘于平庸，那就从现在开始学习提高你的"逆商"指数。

李亚君是前任总经理的助理，自从"改朝换代"后，就被安排到了打杂的位置上，还有很多人总是有意无意地打压她。她为此陷入了前所未有的逆境中。但是这些不公平的待遇并没有打消她工作的积极性，她一直在寻找解决的办法。

这一天，李亚君做出了一个重要的决定，她准备了一本针对公司发展的材料，直冲新老总的办公室，侃侃而谈，献计献策，并大表愿意为公司发展竭尽全力的决心。新老总赫然发现前任为自己留下了一个不可多得的人才，大加赞赏，并重用李亚君，先前排挤她的同事们自然偃旗息鼓。李亚君就是这样靠自己的逆商走出了困境。

心理解读

"逆商"即逆境商数、厄运商数，是现代人认识自我，并借以超越自我的又一概念。它与智商、情商、健商一样，是一个人人都有，却未必人人都熟知的人生商数。

在困境中坚持不懈是"逆商"的精华所在。任何一个人的人生都不会是一帆风顺的，都会有大大小小的难关，走得过走不过完全取决于个人的"逆商"指数。面对困境，指数低的人容易想不开，总是自问：倒霉的为什么总是我？

成功不是将来才有的，而是从决定去做的那一刻起，持续累积而成。

一个人"逆商"越高，越能以弹性面对逆境，他们总是能在困境中不屈不挠、越挫越勇、找出解决问题的方案，最终表现卓越；相反，逆商低的人则会感到沮丧、迷失，处处抱怨，逃避挑战，缺乏创意，这类人往往容易半途而废、自暴自弃，最终一事无成。

心理自愈

如果你觉得自己的"逆商"有待提高，可以从以下3个方面着手：

1. 欲望是产生成功愿望的最原始火花，是成功的源泉。一个才华横溢的人，如果无欲无求，最终只能一事无成。高逆商者，他们会对成功表现出狂热的兴趣，遭遇逆境时自然就能够奋勇向前；而低逆商者对事物则不感兴趣，缺乏生活激情，自然容易知难而退。因此，想要提高逆商，就要激励自己产生对人生的激情。

2．永远不要为了阶段性的困境而放弃目标。尝试为自己的大目标分阶段地设置数个小目标，用小目标的实现来鼓励自己坚持到终点。这样可以在陷入困顿时，不至于不知所措。

3．积极寻找解决困难的方法。人在挫折面前不能只是一味地抱怨，最后的方法就是积极寻找解决问题的办法，在寻找过程中逆商也会不知不觉地提高。

六、办公室生存法则，与同事之间的"心"较量

同一个办公室，人与人之间的差异有之，竞争有之，矛盾亦有之，如何调节好与同事之间的关系成了许多职场人心头的难题。然而性格都是在沟通中了解的，感情都是在合作中积累的，树立好自己的形象，坚持住自己的原则，把握好自己的分寸，处好同事关系也不是难事。另外，与人相处要"走心"，但没必要"钩心斗角"，别让你的职场故事变成一出"甄嬛传"。

（一）好的形象，为自己赢得更好的未来

办公室一切都是透明的，你和任何一个同事的交往都会暴露在空气中，你的一言一行直接影响到你在别人心目中的形象。咄咄逼人或是软弱可欺的处世态度都会让你在办公室这个小社会面对被人排挤的风险。

陈静怡是一家公司的白领，平时地工作认真，是一个很有想法的人。一次领导开会时要求大家回去思考一下如何改进工作流程，会后陈静怡结合经验想到了一个非常好的方法，于是就和同一个办公室的王婧讨论了一下，就连王婧也非常赞同她的想法。

后来她们一起去找领导建议，结果令人恼火的是王婧滔滔不绝，好像整个想法都是她想出来的。陈静怡当着领导的面忍着没说什么，回到办公室就忍不住发火了。

"你刚才什么意思！明明都是我想出来的，凭什么汇报的时候都是你说，有本事自己想去啊，抢我的话说，你好意思吗？"说出这句话，陈静怡觉得整个办公室都静了，大家都用一种异样的眼光看着她，而王婧则连忙道歉，甚至后来都哭出来了。陈静怡看到她的眼泪又是一阵烦躁："你哭什么哭，好像我欺负了你一样！"

虽然这件事错不在陈静怡，可是办公室其他同事并不知道前因后果，只看到了陈静怡大发脾气，还对王婧紧紧相逼。而陈静怡又不知道怎么解释，和谁解释，只能看着自己渐渐变成大家眼里的"火药桶"，渐渐被疏远。甚至有一次她还听到大家对办公室里新入职的人说："别惹那个人，她会让你很难堪。"听到这话，陈静怡非常想走上前去理论，但是大家看到她望过来的眼神又都不约而同地闭上了嘴。陈静怡觉得自己真的干不下去了。

心理解读

无论你是经验丰富的老员工，还是满腔热情的新人，在办公室里言行一定不要咄咄逼人，如果你太强势，办公室的同事会觉得你是一个"个例"。无论争执的结果如何，谈论的话题尽量不要涉及同事的痛处，以免让自己四面受敌，不知不觉被孤立。

虽然不能强硬，但也不能软弱到主动放弃自己的权益，学会说"不"。只要你用对了方式，同事们就会觉得你是一个有原则的人，就会尊重你。

（二）别太八卦，那是为自己"拉仇恨"

很多人都喜欢八卦，八卦是什么？八卦就是你自己挖下一个坑，跳进去，还嘲笑坑外之人的无知。八卦有罪，罪在你不仅浪费了自己的时间，还企图浪费别人的时间。同在一个办公室中，爱八卦别人的人往往很难受到欢迎。

王莉莉是个普通的房产销售员，平时性格也不内向，很喜欢与人交往，但是最近同一个办公室的娜娜和小玲却联合大家一起孤立她，王莉莉觉得自己好孤独。

有一次她快进办公室时，发现娜娜和小玲正在和一群女同事说什么，隐约听见自己的名字，等到推门进去里面立刻鸦雀无声，大家看她的眼神也都很怪异。

后来的工作也越来越不顺利，忙起来也没人帮衬，王莉莉再也忍不住，她找到娜娜和小玲质问她们为什么这么对自己。娜娜和小玲明白地对她说："那一次，我们只不过和你开玩笑说趁着卖房子接触的老板多，不如挑一个跟着走算了。没想到你这个小人告诉了那么多人，还让领导找我俩谈话。如果你不离开公司，我们就绝对不会让你有好日子过。"

王莉莉懊悔不已，没几天她就递交了自己的辞职信。

心理解读

爱八卦的人都缺少幸福感，所以想要从别人身上寻找一种平衡感。爱八卦的人满脑子装的都是别人，时刻观察别人的一举一动，往往忘记了如何做自己，所以想要回归自己、追求幸福，就要远离八卦。

八卦是女人的天性，只要有女人的地方，就很难没有八卦。八卦可以有，但是要追求有品位的八卦，而不是在背后说别人的坏话。

在办公室的人际交往中，有些私事说说也没什么坏处，比如你男朋友或者女朋友的工作单位、学历、年龄及脾气性格等，工作之余随便聊聊这些可以增进彼此之间的了解、增加感情。但有的事绝对不能八卦，尤其是不能在背后说公司其他同事的私事，因为谣言总是会在这种情况下产生，而谣言总是受欢迎的，一旦传开了，你将面临的就是被集体孤立。

（三）职场竞争，并不意味着"钩心斗角"

人生必有竞争，但竞争却不是人生。企业有竞争才会欣欣向荣，员工之间有竞争才会更有动力。然而竞争不是战争，竞争的根本目的是提高自己能力而不是打击他人。同一个办公室之中，合作的意义远远大于竞争。

早上一上班，刘梦就被经理叫到了办公室，经理满脸笑容地对她说："公司经过反复研究，慎重考虑，决定由你接任办公室主任，怎么样，有没有信心？"

听到消息的那一刻，刘梦激动得都要哭了，多少天的紧张就是为了这一刻的结果，她终于战胜了同办公室的另一位有力的竞争对手。论资历、论才干，她们两个都不相上下，而这次的升职证明了她的努力没有白费。

中午领导叫刘梦一起吃饭，她还没有从激动中清醒，那天的她特别健谈，从公司的近忧到公司的远景，她侃侃而谈，经理听得连连点头。不知怎么的，话题就聊到了她和她竞争的那位同事身上。

由于神经过于放松了，随意聊起了一些事，不知出于什么心理，她就给经理讲起了一些事：一次，大家一起到酒店吃饭，那位同事看到了开酒器，想到自己家的红酒开酒器被人借去没有还，她趁服务员没注意，放进了自己的手包里……另外，还讲了一些什么，她记不清了，反正就是非常亢奋地一直说，一直说……

最后，正式任命下来了，令刘梦抓狂的是主任不是她，而是她的那位竞争对手。面对目瞪口呆的她，经理语重心长地说："要学会尊重别人。"原来那天和刘梦吃饭之后，经理就找她的那位竞争对手谈了话，经理委婉地提及刘梦可能出任主任，希望她能支持刘梦的工作。而同事当时就表态一定会支持刘梦。问起对刘梦的印象，她的评价非常简单也非常中肯，也正是这一点，让经理最后舍刘梦而选择了她的竞争对手。

这次的教训让刘梦付出了昂贵的代价，学会了一点：要懂得尊重对手。

心理解读

很多职场人士都纳闷，为什么有的事领导不采取直接安排的方式，却让大家互相竞争呢？实际上这是对所有员工的一个考察。

在竞争中能够发现一个员工的能力和品行，领导看中的是一个员工的才能与创意是否能够给企业带来活力与效益，所以一个员工升职、加薪的标准就是业绩。而透明的竞争机制既可以辨别一个人的业绩，更能考察出一个人面对竞争的"职场情商"。

处处都有竞争对手，考验你心灵成熟度的时候就到了。许多人对竞争者四处设防，更有甚者还在背后冷不防"插上一刀，踩上一脚"。这种极端行为只会拉大彼此间的隔阂，制造紧张的气氛，对工作有百害而无一益。

成熟的人擅长与人交往，无论是面对领导、同事、客户甚至竞争对手，都能让自己在他们之间游刃有余，让自己的工作顺着这些关系网得到更大的延伸。

其中很重要的一点是无论对手给你施加多大的压力，都不要自降身价去诋毁打击他。不如轻轻地露齿微笑，静下心来好好工作。可能他仍在原地心生怨气的时候，你已经出色地完成了业绩。这种大度宽容的风范会引起竞争对手对你的敬重。

在一个整体中，每个人都很重要，任何人都有可爱的闪光之处。当你超越对手时，没有必要鄙视人家，别人也在寻求上进；当对手超过你时，你也没有必要存心添乱找碴儿。工作是大家团结一致努力的结果，这个过程中一个都不能少。

七、"齐加尼克效应"，是什么夺走了你的轻松

你是否有过这样的感觉：当你接受某项工作或学习任务时，就会情不自禁地产生紧张心理，这种紧张心理会一直纠缠困扰着你，让你做什么都没有心情，不到整个任务全部结束就不会消失。如果你的回答是肯定的，那么你正经受着"齐加尼克效应"。

唐晓诗是一位杂志编辑，她很喜欢自己的工作，但是她也很容易因为工作而产生紧张焦虑的心理。每当她接受一项任务时，她都会给自己设立一个工作时间计划，因为她总是想要尽早完成，所以往往给自己定的目标过高。

由于总是不能完成自己的计划，她经常生活在一种失望的情绪中，因而总是觉得自己会完不成任务，压力很大。每当交稿，她都会有一种如释重负的感觉，仿佛自己过了一关。而当新任务来临时，她又会重新陷入心理压力中。为此，唐晓诗非常苦恼。

心理解读

"齐加尼克效应"就是指一个人因为未完成某项工作或学习任务而产生的无法解脱的紧张状态和心理压力。

很多从事脑力劳动的人大都有这样的体会：经过数天紧张的工作或者学习之后，终于完成了任务，会有一种由衷的喜悦和惬意感。这时可能会好好地放松一下，以"犒劳"自己，也便于投入到下面更为紧张的工作和学习生活中去。

然而，有时事实却往往不能如人所愿，尤其是当我们觉得任务应该能很好地完成，却由于其他原因没能完成时，心中会有说不出的郁闷。尽管任务已经告一段落了，但心中依然有一种紧张感和未完成感，而且这种感觉久久难以消失，长此下去，就会感到身心的疲惫。

心理自愈

如果对快节奏的工作处理不当或不能适应，则容易产生紧迫感、压力感和焦虑感，久之可诱发心身疾病。因此，学会缓解心理上的紧张状态应是现代人自我保健的一项重要内容。想要减轻齐加尼克效应，使自己得到放松，可以尝试以下两种方法：

1. 缩短工作周期，提高 8 小时内工作效率

每完成一项工作任务可谓是一个周期，当你攻克了某个难关，或完成了一件重要工作，达到"柳暗花明又一村"的境地时，心情会豁然开朗，愉悦之情会油然而生。这种完成任务后的欢愉对缓解心理紧张、促进身心健康是极其有益的。

不应当去效仿什么"铁杵磨针，滴水穿石"之类的精神，而应当换一种角度去寻求更高的工作效率。在"苦"中是不可能达到更高境界的。

2. 每周娱乐半天

娱乐是一种积极的休息方式，对缓解心理压力十分有益。在娱乐时，不必想自己还有多少任务没完成，放松自己，全身心地享受美好的快乐时光。只有休息好了才能工作好，你利用的这半天的娱乐时光即使用于工作也产生不了多少价值，反而容易积累焦虑等情绪，影响接下来的工作。

八、"习得性无助",影响职场人士心态的关键因素

"习得性无助"是向困难屈服的终极姿态,是已经接受了"尝试是无望的"这样的暗示的消极心理,是得过且过,是自暴自弃。习得性无助让你从此丧失奋斗的勇气和抗争的斗志,是影响职场人士心态的关键因素。

曹凯刚进公司时,什么都不懂,要经验没经验,要能力没能力,于是周围人都说他:什么都不会,还笨手笨脚的。由于业务能力太差,于是就安排他去打杂,每天负责送文件、复印打字等工作。

刚开始曹凯觉得很不服气,但是一连搞砸几件事后,连他自己都没脾气了。他已经习惯了自己简单琐碎的工作,并告诉自己:我就适合干这些。几个月下来,曹凯成了公司里的"忙人",在人缘上也是"红人",但在业务上却是"盲人"。

这样,公司裁员时曹凯这个最勤快,却最没特长的人自然成了裁员表格上的"首席"。

心理解读

"习得性无助"是指因为重复的失败而造成的听任摆布的行为,是通过学习形成的一种对现实的无望和无可奈何的心理状态。这种心理让人们自设藩篱,把失败的原因归结为自身不可改变的因素,放弃继续尝试的勇气和信心,破罐子破摔。比如,认为学习成绩差是因为自己智力不好,失恋是因为自己本身就令人讨厌等。

1. 不良状态的长期积淀

许多人由于常常失败,很少甚至没有体验过成功的欢乐,以至于长期被忽视,便逐渐丧失了自尊心,变得破罐子破摔起来,这便形成了"习得性无助"的心理。这种无助感与失尊感均是"习"得的,不是天生的,是经过无数次的重复、无数次的打击以后慢慢养成的一种消极的心理现象。

2. 不恰当的评价方式

有些人在自己不能顺利完成任务时,时常受到别人的批评和嘲笑,于是

便产生了焦虑情绪，对于探求事物和参加活动产生了一种恐惧的心理。此时如果有人在场监督便显得焦虑不安和信心不足，完成任务就格外困难。

经历了一系列失败后，他们开始相信自身缺少取得成功的能力，不愿意为完成任务而付出认真的努力，而把主要精力放在维持自己在他人眼中所谓的"自尊"和"身份"上。"习得性无助"是一个渐变的过程，而不恰当的评价方式强化了这一趋势。

3. 不正确的归因

"习得性无助"现象产生的主要根源在于一个人的归因方式。当他们认为造成自己工作、心理等问题的因素是内在的、稳定的、不可控的时候，就容易感到内疚、沮丧和自卑。他们会认为无论付出多大努力都将难以使自己进步，从而降低工作的动力，不愿做尝试性努力，变得得过且过。

心理自愈

人都不是天生的失败者，不可以变成"习得性无助"，那么要如何改变这种心态呢？

从一点一滴做起。当能够成功完成简单的工作时，就有了胜任困难工作的可能。

尽管每天都有那么多影响你命运的力量是你不能掌控的——国家的政策、老板的脾气，但你可以阶段性小反抗一下。比如，你可以选择自己的手机铃声，粉刷自己的屋子，收集喜爱的邮票。总之你可以做出自己的选择。

选择，即使是很小的选择都可以抵挡无助感的压顶之势，但你不能止步于此，你必须用自己的行动反击，明白虽败犹荣的道理。

你没有那么聪明，但是你也没有那么脆弱，所以不要轻易屈服。

九、别让"强迫症"干扰你的职场生涯

追求完美的性格和敏感固执的内心使越来越多的职场人士陷入"强迫症"的怪圈之中。非必要的强迫行为浪费着我们的生命，挥霍着我们的时间，折磨着我们的内心。职场"强迫症"使我们不安，使我们痛苦，那么如何摆脱"强迫症"的干扰，还我们的内心一份自由和舒畅呢？

江涛毕业于北京一所著名的财经高校，成绩优异，大学毕业后顺利进入一家待遇很好的银行工作，本应是前程似锦，却因"强迫症"差点断送了职业生涯。

在校时，江涛对学习便十分认真，每次做完作业，都要反复检查，直到自己满意为止。参加工作后，这种强迫性检查的习惯被带入，同事很快发现明明可以两三个小时做完的工作，江涛却要用一两天完成。他总担心账目出现问题，反复检查，花去了大量时间，严重影响了工作进度，最后单位领导只好让他回家"休息"。

此后江涛又找过多次工作，但都难逃被辞退的厄运，心理压力越来越大，甚至恐惧去找工作，整日待在房间忧心忡忡。不仅是在工作上，生活中江涛也存在强迫性检查，每次出门都会反复检查钥匙、钱包是否带齐，煤气阀是否关紧等问题，严重影响工作生活。

心理解读

随着社会竞争的加剧，职场强迫症的患病人数呈现上升趋势，在上海、北京、广州等竞争压力大的城市尤其多见，男女患病比例约为 6:4。这些人的主要特征是苛求完美，对自己要求过分严格，长期处于紧张和焦虑状态。

职场强迫症的症状表现呈现多样化，如全天候开机，一旦偶尔忘带手机，就会坐立不安；每天上班第一件事就是通过上网、打听等手段了解公司内外发生的新闻，生怕有什么大事被错过了；不"折腾"报表就会"憋得慌，很

难受"，总忍不住反复检查、核对好几遍；上班出门前要反复检查物品是否带齐；特别爱干净，感觉脸上的皮肤长期面对电脑需要及时清洗，所以频繁地洗脸；认为周围的物品上全是病菌，不得不经常反复洗手；在工作中，会对身边的所有现象保持高度的敏感，往往不能遗漏任何一个细节等。

轻度职场强迫症的 8 种征兆如下：戴耳机的时候必须看清了左右标识才戴；定闹钟 5 分钟一次，但还是不肯起；怀疑门没锁；看到别人没把黑板擦干净就觉得别扭；考试成绩出来后不敢查；发呆时一次次右击刷新页面；调音量一定要调到自己顺眼的数字；喜欢咬吸管、纸杯边缘。

心理自愈

想要摆脱职场强迫症，可以尝试以下 5 种建议：

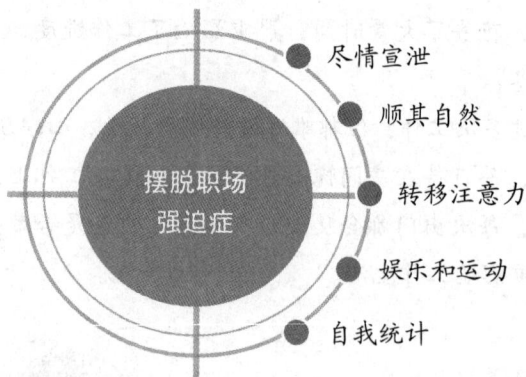

摆脱职场
强迫症

- 尽情宣泄
- 顺其自然
- 转移注意力
- 娱乐和运动
- 自我统计

1. 尽情宣泄

说出自己的紧张情绪。找个人诉说自己过去曾在某个情景或某个时候受到的心理创伤、不幸遭遇和长期的紧张、焦虑、恐惧心理等，把内心的痛苦情绪尽情地发泄出来。说出自己的恐惧，也就降低了恐惧；说出自己的紧张，也就缓解了紧张。

2. 顺其自然

任何事情顺其自然就好。做完就不再想它，不再评价它。经过一段时间的努力，焦虑情绪和强迫症状会慢慢消除。

3. 转移注意力

当出现强迫症状时，要想办法转移注意力，尽快脱离现实症状，摆脱痛苦。例如，一到出门时就检查门锁，怎么克服呢？把时间安排得紧一点，如果平时上班需在路上花 30 分钟，20 分钟就比较紧张了，那么就留出 20 分钟赶路。因为时间紧，怕迟到，出门前先用心看看门锁，出门后注意力都在赶时间上，也就来不及再反复检查门锁了。

4. 娱乐和运动

参加各种有趣的活动，适当地进行运动可以解除生活或工作中的单调、乏味，减少精神压力和紧张情绪。

5. 自我统计

做一个统计表格，查看自己一天下来，在哪些方面会重复强迫行为，记录重复的次数。并给自己设立目标，要求自己逐渐减少强迫次数。还可以在办公桌醒目位置贴一张纸条，上面写着"我已经做得很棒了！很好了！"提醒自己不要过于追求完美。

十、巧用"冷热水"效应，让你在职场中"如鱼得水"

当一个人不能直接端给他人一盆"热水"时，不妨先端给他人一盆"冷水"，再端给他人一盆"温水"，这样的话，这人的这盆"温水"同样会获得他人的一个良好评价，这就是"冷热水"效应的魅力。"冷热水"效应运用得好，可以让你在职场中"如鱼得水"。

李洋在某汽车销售公司工作，他每月都能卖出 30 辆以上的汽车，深得公司经理的赏识。由于种种原因，这个月李洋预计只能卖出 10 辆车。李洋对经理说："由于市场萧条，我估计这个月顶多能卖出 5 辆车。"经理点了点头，对他的看法表示赞成。没想到一个月过后，李洋竟然卖了 12 辆汽车，公司经理对他大大夸奖一番。

假若李洋说本月可以卖 15 辆或者事先对此不说，结果只卖了 12 辆，公司经理会怎么认为呢？他会认为李洋没用心工作，不但不会夸奖，反而还可能给予指责。在这个事例中，李洋把最糟糕的情况——"顶多卖 5 辆车"报告给经理，使得经理心中的"秤砣"变小，因此当月销售数据出来以后，经理对李洋不但不会批评，反而提高了。

心理解读

一杯温水，保持温度不变，另有一杯冷水，一杯热水。当先将手放在冷水中，再放到温水中，会感到温水热；当先将手放在热水中，再放到温水中，会感到温水凉。同一杯温水，出现了两种不同的感觉，这就是"冷热水"效应。人际交往中，要善于运用这种"冷热水"效应。

人生在世，难免有事业上滑坡的时候，难免有不小心伤害他人的时候，难免有需要对他人进行批评指责的时候，在这些时候，假若处理不当，就会降低自己在他人心目中的形象。如果巧妙运用"冷热水"效应，就不但不会降低自己的形象，反而会获得他人一个好的评价。

当事业上滑坡的时候，不妨预先把最糟糕的事态委婉地告诉别人，以后即使失败也可立于不败之地；当不小心伤害他人的时候，道歉不妨超过应有的限度，这样不但可以显示出你的诚意，而且会收到化干戈为玉帛的效果；当要说令人不快的话语时，不妨事先声明，这样就不会引起他人的反感，使他人体会到你的用心良苦。这些运用冷热水效应的举动，实质上就是先通过一二处"伏笔"，使对方心中的"秤砣"变小，如此一来它"称出的物体重量"也就大了。

十一、在应激状态下，多给自己一点正面暗示

生活总是充满了意外，也许某一天你就会忽然发现晚上八点档的狗血剧情发生在了自己身上。此时别狂躁也别抑郁，告诉自己：我的内心很强大，这么点儿变故根本不值得大惊小怪。多给自己一些积极的暗示，相信你能够淡定地渡过心理的难关。

王楠在一家公司做文员，虽然没有什么突出的业绩，但也没出过什么差错。最近公司里流传着一条内部消息，就是公司有可能小幅度裁员，没有特长、对公司贡献不大的员工都有可能被裁掉。

听到这个消息，王楠瞬间就慌乱了，她觉得自己非常有可能被裁掉。想想自己从面试到实习，一步步走到今天的位置不容易，她就愈发担忧自己会失去这份工作。紧张焦虑的情绪弥漫在王楠四周，最近一个月来她吃不好、睡不着，工作状态也大不如前。

心理解读

心理应激反应是人的身体对各种紧张、刺激产生的适应性反应。而应激状态则是指个体在应对危机状况时，在情绪、认知、行为方面发生的变化。这些变化可能导致个体在生理上及心理上产生的一系列症状，严重的可能会诱发疾病。因此，在应激状态下保持情绪健康是关键，而良好的情绪状态对于个体及时摆脱应激状态也是非常关键的。

> 不紧张，我是最棒的！

研究表明，面对紧张和刺激时个体的应对风格与人格特质有着密切的关系。如神经质的人多采用回避和被动消极型的应对风格，责任心较强的人则多选择问题解决型的积极应对风格，外向性高的人可能同时出现理性、积极思考的应对方式；内向性高的人可能同时出现压抑、替代等消极的应对方式。

当然，个体对应激情境的应对风格也受到个体主观评价的影响。例如，对负性事件认知评价越强的个体就越容易出现消极被动的应对风格。

应激状态下容易产生许多种负性情绪，具体如下：

1. 焦虑

焦虑是一种典型而普遍的应激现象，不仅影响工作效率，而且往往对人的生理和心理健康会产生不利影响。焦虑状态下的人容易出现不同程度的头晕、头痛、消化不良、睡眠失调、免疫机能下降及思想不集中、记忆减退等症状。

2. 担忧

在应激事件发生时，担忧也是经常产生的情绪。比如考核之前，员工会担心自己会不会在考核过程中出现状况或失误，陷入担忧情绪的困扰。

3. 无助感

在面对重大困难时，会感到自己渺小，产生只能承受而无法改变现状的心理。更有人会感到已经到了世界末日，自己的前途茫茫。生活发生了巨大的变化，而自己一时又无法承受这种变化，因此在应激状态发生时，无助感也是比较普遍的一种情绪。

4. 悲伤

悲伤是在沉重打击之后最容易产生的一种情绪。这种悲伤的情绪往往会在担忧感退去之后产生。当一切已经恢复平静时，悲伤的情绪将慢慢浮现出来。这种情绪的表达方式也很不相同，有些人会选择用号啕大哭的方式宣泄自己的情绪，而有些人则会表现得很麻木、冷漠来抑制自己的情绪，显然后一种方法对情绪健康是非常不利的。

5. 愤怒

这种情绪的产生多是应激状态下的个体对应激事件为什么发生在自己身上的情感宣泄。他们把应激对象的产生归于上天或者是他人。他们认为上天是不公平的，认为他人做得不够好，不能理解自己的痛苦，不能帮助自己改变现状。总之，这种情绪的产生是因为应激状态下的个体试图找到一个可以宣泄情绪的对象。

6. 愧疚

与愤怒不同，这种情绪的产生是因为应激状态下的个体将应激时造成的后果多归因于自己。他们会认为后果之所以这么严重是因为自己的行动不够迅速，自己的能力不足。长期带着这种情绪生活，会使人对生活失去信心，觉得自己对任何事情都无能为力，这样的状态也会对健康造成很大的影响。

心理自愈

如何在应激状态下保持情绪健康，现提出 6 点建议：

通过积极的心理暗示消除焦虑　不要压抑自己的感情　要勇于面对现实　要试着和大家一起分担　在一起多和亲人、朋友　保持生理上的健康

1. 通过积极的心理暗示消除焦虑

对于焦虑心理，可以采用暗示的方法，告诉自己我能行，我能成功，这样会增强自信心，在一定程度上减轻焦虑的情绪。

2. 不要压抑自己的感情

很多人会告诉应激状态下的个体："要坚强。"其实这是很不科学的。因为面临巨大的变化与冲击，心理上必然会受到创伤，情绪将产生巨大的波动，合理地宣泄情绪是保持情绪健康的好方法。所以，不要压抑自己的痛苦，不用在他人面前表现得坚强，要慢慢地缓解，慢慢地适应。

3. 要勇于面对现实

有些在应激状态下的人会否认现实，强迫自己去遗忘，强迫自己逃避，将自己封闭起来。表面上可能忘记，但是痛苦的经历必然会遗留在潜意识当中。因此，勇敢地接受现实，面对现实才是保持健康情绪的好办法。

4. 要试着和大家一起分担

痛苦如果能够和他人一起承担的话，心理上所承受的痛苦就会减少，这是社会心理学上的一种现象，也是在应激状态下调节情绪、保持心理健康的一种好的方法。但是，有的人害怕将自己的痛苦转移到他人身上会给他人造成困扰，其实这种担心是没有必要的。因为在同样的应激事件的背景下，与他人形成共情，这样可以产生一种信任感，不仅帮助自己尽快回复情绪的健康，同时也帮助了他人。

5. 多和亲人、朋友在一起

因为应激事件发生以后会产生无助感，会感到恐惧与担忧，感受不到温暖。因此，与亲人、朋友在一起会给彼此带来安全感，这对消除恐惧感、无助感、担忧感是非常有效的。

6. 保持生理上的健康

保证基本饮食，以提高身体素质，只有良好的生理基础才能战胜疾病，只有强健的体魄才能保持良好的心态。

十二、犯错误效应，犯点儿小错反而让你更得人心

尽量少犯错，这是做人的准则；不犯错误，那是天使的梦想。过于追求完美会显得不食人间烟火，偶尔犯一些微不足道的小错误才更"接地气"。别让完美使你的人生"寂寞如雪"，犯点儿错才能让你更得人心。

赵萌萌刚刚告别了十几年的校园生活，走进职场，本以为终于有了属于自己的天地，然而事实却并非她想象得那么简单。她发现周围人都在排挤她，这让她非常痛苦。

赵萌萌在大学时成绩优异、个性随和，和同学们相处得关系很好。奇怪的是，在工作中却不一样了，她百思不得其解。

"我表现也不差啊，如果我工作不努力，总是给同事添麻烦，或者工作态度不积极，他们排挤我也是正常，可事实刚好相反，领导给我的评价也是'优秀'。一进公司我就努力研究工作流程，不像某些新人，总是什么都记不住，什么都麻烦老员工。就工作态度来说，我从未迟到早退过，甚至遇到紧急情况，我还主动申请加班。为了和同事们搞好关系，我还经常主动问他们需要什么帮助，偶尔还为了带动办公室的沉闷气氛主动开玩笑，但每次都遭遇冷场。"赵萌萌说。

在部门每周的例会上，她听到领导说希望听到一些反馈，于是就积极主动地阐述了自己对于一些问题的看法，结果却被同事们冠以"爱出风头"的名号。面对同事们的联合排挤，她觉得很无助，她真的不知道该怎么和同事们相处了。

心理解读

有一句话叫"不招人妒是庸才"，作为初入职场的新人，如果事事都做得完美，让人挑不出一点儿理，且受到领导的表扬，难免让同事们产生一种不舒服和距离感。

对于这样的问题，有以下两种方法可以解决：

1．时间会证明一切

只要你平时对人的态度和蔼可亲，同事们不难发现你是个好人，久而久之便会乐于与你交往。你还可以培养自己的聊天魅力，通过聊天改变同事们对你的态度。不要因为一两次的友善没有被同事接纳就心灰意冷，所谓日久见人心，你一如既往地做好自己，时间会证明一切。

2．适度地示弱

你不能保证你任何时候都万无一失，所以不要表现得那么能干。有时向周围人请教一些你不明白的问题，让他们有种被需要的感觉，比你一味地表现自己效果要好得多。

甚至也可以示弱，让大家觉得你也会有不懂的地方，也会有烦恼。适当地犯一些无关紧要的小错误，这会使你更有人情味，更得人心。

我们消费着这个时代，也被这个时代所消费。在物质极大丰富的今天，我们无法做到无欲无求。我们唯一能做的就是掌控好自己的消费欲望，保持自己内心轻盈。消费心理学帮助我们看清自己的内心，改掉乱花钱的坏习惯。

第七章

购买动机中的感情色彩
——消费心理学

一、超前消费不是不要钱，明天的钱也得自己挣

随着京东"白条"、阿里"花呗"、苏宁的"零钱贷"等产品的出现和走红，集起点低、申请办理快、手续简便、"接地气"等优点于一身的互联网消费信贷产品合时宜地解决了"剁手党"的"燃眉之急"。然而超前消费越来越火的现象却需要引起我们的警惕，要知道：超前消费不是不要钱，明天的钱也得自己挣。

杨凡在重庆市一所综合性大学攻读美术专业，他在大一时就申请了一张信用卡，去年杨帆通过信用卡分期购买了一部苹果手机。杨帆说道："首期账单只需缴纳 667 元（手续费为 250 元），剩余 11 期账单，每月还款 417 元。当时苹果手机已降价了，所以分期付款比实际卖价高了 1 000 元，但是我也没办法，一下子拿不出这么多钱来。"

为了还清每个月 400 元的贷款，杨帆无奈之下到工地去搬砖，因为搬一天的砖可以赚到 100 元，杨帆总共搬了两次，每次 4 天。

或许是搬砖的辛苦让杨帆后悔不已，他说："如果可以选择的话，我宁愿不要苹果手机了，在工地上搬砖不是一般的累，那几天手上全是泡。"

心理解读

随着社会经济的发展，超前消费这一名词越来越多地充斥在我们的生活之中。所谓的超前消费就是指超过暂时的消费能力，将今后的收入提前到现在支出，通俗地讲就是花明天的钱，圆今天的梦。

现如今青年人已经成为超前消费人群的主体，这和青年人不同的消费心理有很大关系。

青年期是人一生中对情感追求最旺盛的时期，求知欲、成就欲、表现欲都特别强烈，青年人内心深处具有强烈的消费欲望。这种消费欲望在经济发展水平较低时被人为压制。现在，随着中国经济的迅速发展、物质产品相对丰富，客观上使这些欲望的"释放"成为可能。

"超前消费"观念是建立在非常良好的安全感之下的，在收入不固定或是财产安全感不足的情况下超前消费会给人带来很大的心理压力，影响幸福感。因此，超前消费必须考虑到自身经济条件，不可因为"从众心理""攀比心理""享乐心理"而盲目消费，将"超前消费"演变为"过度消费"。

二、感性消费，你喜欢的未必就是好的

正如许多人会一见钟情一样，某些时候你会在特定的环境、特定的情绪下忽然对一件商品产生购买的欲望，这种想法会让你在未来的某一天后悔得顿足捶胸，直呼当时自己"年少轻狂不懂事"。然而，花钱容易，挣钱不易。

张梦芸是典型的"月光族"，虽然每个月薪水不少，但是她从来存不下钱，她自己也知道这和她不太理性的消费习惯有很大关系。

"我也不知道为什么，买东西时总是感情用事。比如，看见包装好看的饮料一定要买回来尝尝，即使饮料不好喝也要把瓶子留下。看见自己喜欢的明星代言的商品不管多贵都愿意买，有一次我还为此买了一个剃须刀，虽然我自己永远都用不到。"说到这里，她不禁无奈地一笑。

她发现自己的家里摆了一堆没什么用的东西，最多的就是各种各样的好看的杯子、碗之类的容器。"看到好看的就想买，买完了也用不上，送人又舍不得，丢了还浪费。"每当这时她都特别后悔，真恨自己没事儿乱花钱。

心理解读

消费者的行为一般划分为 3 个基本阶段：一是量的消费阶段，即人们追逐买得到和买得起的商品；二是质的消费阶段，即寻求货真价实、有特色、质量好的商品；三是感性消费阶段，即注重购物时的情感体验和人际沟通，它以个人的喜好作为购买决策标准，对商品"情绪价值"的重视胜过对"机

能价值"的重视。因此，严格地说，这是一种情绪情感消费，而不是完全的感性消费。

感性消费包括个人直观感性认识消费和情绪情感消费两种形式。两种感性消费的诱因不同，体现出的理性水平也不同。

在基于情绪情感体验的消费形式中，影响消费者情绪情感的因素是多方面的，既有商品的因素，又有服务、环境的因素。例如，与自我个性或理性状态相吻合的品牌，赋予消费者自信、体现社会地位的品牌，煽情的广告、营业员的恭维、赞赏的态度等。

在基于直观感性认识的消费形式中，商品的外观造型、色彩、香味、质感等外在特征给予消费者感官的直接刺激是消费者感性购买的直接原因。

感性消费时代，无论男女老少都倾向凭借主观感性进行消费，希望享受购物过程。但由于消费者的知识和经验积累不同、受教育程度不同，感性消费过程中体现出的理性水平也不同。于是我们将感性消费划分为初级感性消费和高级感性消费两种。

市场研究调查显示，受教育水平较低的消费者倾向于依赖感官直觉消费，商品知识和购买经验匮乏的消费者也倾向于凭借商品的外在特征决定购买与否。

例如，不懂电器的消费者主要根据电器的色彩、外观形状、价格、声音效果等来决定是否购买。又如，缺少经验和个性不成熟的青年消费者容易冲动性购买，很多女性消费者更容易由于他人一句不经意的话或一个不起眼的刺激就会导致情绪性购买。因此，冲动性购买和情绪性购买也属于初级感性消费。

初级感性消费最显著的特征就是：消费者购物过程中理性水平很低，即购物过程中思维运用、意志参与的成分相对较少，受外界情境性因素的影响很大。

高级感性消费中理性成分参与的水平很高，在高度自由的消费过程背后是消费者丰富的商品知识、购物经验、充分的市场信息和厚实的购买力做支撑。因此消费者能够完全自主地、独立地、自信地选择最适合自己的商品，获得最大的满意。

此外，打折促销也极易引起感性消费。从消费群体来看，"80、90后"更容易感性消费，相较于产品质量、产品价格，"80、90后"可能更为关注的是产品设计理念抑或是个性体现，但这样的理念往往容易冲动消费，忽略掉产品的品质。

感性消费容易引发消费冲动，因此消费前一定要确认自己想要购买的东西是否真的需要，即使需要也要思考商品的价值是否与你预期的价值相符合。

心理自愈

想要避免自己因为感性消费而引起消费冲动，可以采取以下4种方法：

不带信用卡或者带够刚好需要的现金

避开容易花钱的处境　　　避免感性消费　　　建立一个"等待期"

记录日常的开支

1. 不带信用卡、不用手机支付或者带够刚好需要的现金

如果手机中有支付app或者钱包里有信用卡，会比无手机支付或信用卡时更容易买东西。

2. 避开容易花钱的处境

充满着花钱机会的环境非常容易导致你从你的兜里拿出钱来"放进"其他人的口袋。与节俭的人在一起：近朱者赤，近墨者黑。如果你有很多朋友，看看哪些人常常使你处于花钱的环境，而哪些人更喜欢那些不需要花费很多的活动。

3．记录日常的开支

每隔一周或是一个月统计一次自己花掉的每一分钱，数数哪些是不必要的。你可能为自己那些冲动的消费记录叹息不已，所以当下一次你准备花钱的时候都要在心中想想这个数字，想想如果这些钱用在更有意义的地方会多好。

4．建立一个"等待期"

在看完上面几点后如果你仍然准备买，那么在买之前请等待一段时间。在做出购买决定之前给自己 24 小时的"等待期"。走出商店，回家睡一觉。如果第二天你仍然认为这次购买是值得的，那么去买下它。

三、个性化消费，我要的就是与众不同

你想把自己的照片印在 T 恤上作为礼品送人吗？你想在一个城堡酒店里演绎王子和公主的浪漫婚礼吗？你想根据自己的需要定制家电用品吗？你想根据自己的口味来定制食品吗？这一切，在如今都不是难事。在目前的消费格局中，个性化、定制化消费，将取代排浪式消费，成为新兴消费趋势。

"我很少去商场买衣服，因为我无法容忍撞衫和个性复制的尴尬。"说这话的是时装设计师谭小波。他自己开了家个性时装设计屋，利用电脑软件加上个人创意，他的作品备受顾客欢迎。"在我这里定制一套服装价格不菲，从设计到制作费用一定是比商场贵的，而常来光顾的顾客却成了忠诚的粉丝，他们更强调服饰的文化韵味和个性的积累。"谭小波说。

户外俱乐部教练沙军是谭小波的忠实顾客，从手工皮质笔记本电脑包到束绳的手工皮靴，沙军的身上无一不显示着户外装备的野性和个性。"我要的是个性和实用兼备，每当我定制一样东西，我会跟制作者反复交流，在制作过程中我也会不断地查看，力求做到最好。虽然每次价格不菲，却是独一无二、最适合我自己的。"沙军说。

心理解读

个性化消费是部分消费者的一种心理需求，个性化消费往往是一种差异

化的标签形式。消费者在其自我概念中需要用"个性化"标签来加强自我地位的优越感，因此需要目标产品与品牌进行"个性化的公然声称"，当这种外在主张与消费者自我概念发生共振时就可以产生标签化魅力。

现代消费者往往富于想象、渴望变化、喜欢创新、有强烈的好奇心，对个性化消费提出了更高的要求。个性化需求是一种体现自我、突出自我的心理需求，传统商业的"标准化""大众化"产品难以满足这种需求。他们所选择的已不仅是商品的实用价值，更要与众不同，充分体现个体的自身价值。个性化消费已成为现代消费的主流。

这一类消费者的需求可以表达为：我要购买那些能够带给我个性化生活的东西。我要购买那些能够让我实现心理自主的服务。我要购买那些能够让我创造自己、了解自己、成为自己的东西。他们深切地渴望商业世界能够在他们的个人心理与行为空间中为他们提供支持。

在新一代消费主流群体的带动下，在无数商家的力推之下，个性化消费浪潮已经到来，按照个性化的"境界"不同，个性化商业服务大体上可分为3种类型：

第一种，多样选择。商家想要告诉有个性化需求的消费者，如果你很懒，只喜欢点击几下鼠标做选择题，这种多样选择很容易实现。事实上，今天无论是卖家电的、卖手机的、卖数码产品的，卖衣服的、卖鞋的、卖礼品的，早就已经实现了这一点。样式多得会让消费者眼花缭乱，但总有适合的一款。

第二种，参与设计。商家想告诉参与设计的消费者，如果你没那么懒，而且仍然觉得缺少独一无二的一款，那就做一些填空题。在电脑上输入你独特的需求后，真的就会有一款独一无二的产品属于你。量身定制，从这个意义上讲，确实已经不再是商家的噱头，而是活生生的现实。

第三种，主导创造。商家想告诉主导创造的消费者，如果你还意犹未尽，如果你希望喷发你的创意才华，那就做点开放式问题，有许多专业工具供你挥洒才情，展现自我。

对于那些喜欢分享自己的旅行日志、美食体验、心情感悟的消费者来说，他可以制作属于自己的杂志，把愿意分享的东西专业地展现出去。对于渴望展现自己的人来说，他可以把自己的理解嵌入绘声绘影软件，那会帮他打造完全个性化的电影。

四、偶像效应，我喜欢，我愿意

喜欢一个偶像，并不是要买下他的全部唱片、在房间里贴满他的海报或是跑遍他的见面会。偶像不是拿来认识的，偶像应该是放在心底里面真正去欣赏、敬仰的，然后通过自己的努力去超越他，才是对偶像的真正致敬。

陈敏露是某明星的"忠实粉丝"，在该明星微博的粉丝榜上，排名前几位。凡是该明星代言的东西她总是一箱一箱地买。别人问她："你吃得完吗？"她总是开心地说："我买又不是为了吃，能看到我偶像照片在上面就好开心。"

每年，她都要跑好几个城市去听她偶像的演唱会，每当她的偶像发新唱片，她都买 50 盘表示支持。在追逐偶像的道路上，她花费了很多时间和金钱，别人都告诉她没必要这样做，但是她依然坚持自己，誓将偶像追到底。

心理解读

偶像崇拜是一直存在的社会文化心理现象。当偶像产生之后，由于崇拜偶像的强烈的情感动力，崇拜者们会通过各种途径搜寻偶像的相关信息，甚至模仿偶像的穿着打扮、言行举止。这为娱乐经纪公司和商家提供了大量商机，这些公司将歌手、影视演员、体育运动员包装成为或漂亮可爱，或英俊潇洒，或才华横溢的明星，并将产品赋予特定象征及符号与明星捆绑包装，使粉丝们心甘情愿地为他们的偶像掷下重金，购买其相关产品以满足对明星的崇拜之情，随之也出现了一些不合理的消费现象。

商品除了其本身所具有的使用功能外，还具有符号象征意义，即物品在其客观功能领域及其外延领域之中是具有不可替代地位的。然而在内涵领域里，它便只有符号价值，成为一种"替代性拥有"，而商品的使用价值是可以被其符号价值所替代的。

因此，明星商品的消费不论是 CD、海报都是符号的体现，它们除了具备商品的使用价值，还体现了偶像本身的特质及象征意义。

对于粉丝们而言，购买了与偶像相关的商品，也就与偶像取得了间接的联系，获得了商品的象征意义，也就实现了该商品的"替代性拥有"。

而通过购买明星代言的商品则会获得"这是被自己偶像认可的品牌"而产生的信赖感，粉丝通过这些商品使明星与自己的生活产生了情感联系，甚至形成了自己被偶像关怀的错觉。

因此，在偶像效应的消费行为中，商品的象征价值超越了其使用价值，成为其购买商品时的首要考虑对象。

健康、积极的偶像崇拜不仅会给我们带来良好的情绪体验，还会激励我们努力地工作、生活。我们要认识到偶像崇拜的积极意义，倡导积极、理性的偶像崇拜，注重偶像的内在品质，如品德精神、才华才艺、个人奋斗的经历等，将偶像的这些内在品质作为激励自己不断前进的动力，并理性地在偶像崇拜上消费。在自身经济条件允许的范围内，不盲目地追逐偶像，不盲目地购买偶像的相关商品，合理消费。

五、"购物狂"，你的疯狂到底值多少

每次购完物都有一种愧疚的心情：怎么又买了，明明就不缺的东西只是看到喜欢而已，于是暗下狠心：必须忍住忍住……最后又没忍住。一个"购物狂"的偏执并不比一个"瘾君子"好多少。

对于"购物狂"来说，想要他们心情好，就一句话：买—买—买！

"我能挣会花，每个月的薪水几乎一大半都被我用在买衣服上，有时自己也觉得过分！"

28 岁的李珊说："几乎每两周我都会花上整整一天来购物。我喜欢像一个真正的时尚内行一样，知道如何把新款和旧款'混搭'出最酷的感觉，或是怎样用火眼金睛在 Zara 店发现最新潮流搭配。我会在第一时间在 ELLE 上找

到想要的东西，然后直接冲向这些店，根本等不及换季折扣。我的衣橱每年都要经过一次大扫除，把原来的那些衣服彻底清空，它们都会被我送去二手店。"

心理解读

"购物狂"是指完全不假思索地购买各种个别生活所需的物品，如衣物、小装饰品等，该种现象较常出现于女性身上，但也有个别男性，他们尤其会在各大商场掀起打折狂潮的时候疯狂购物。

近年来，"购物狂"渐渐被认为是一种心理学的疾病。不少心理医生认为有必要提醒公众警惕这种心理偏差。患有此症状的女性，她们重视购物的过程远远超过购物的结果，潜在的原因多是缺乏自尊自信、内心空虚，只得用购物的方式来填补。

促使购物欲膨胀的心理因素有：压力过大及现代职场的工作节奏加快。许多人都感受到巨大的压力，考核、竞聘、淘汰、升职等。工作上的每一步变化都容易给人们心理造成压力，购物成为女性释放压力的途径之一。很多人在情绪不好时购物，可以及时宣泄压力；情绪好时也购物，因为买了喜欢的东西体会到幸福感，这也是通过购物来释放和转移压力，对情绪调整起到积极的作用。

另外，生活空虚也容易造成购物欲膨胀。有些人虽然衣食无忧却缺少交流，生活中缺少各种其他的爱好，社交活动也不多，购物往往成为她们的一种追求。购物过程结束了，通常追求也就停止了，成堆的商品却很少是真正适用的。

再有是虚荣心理和从众心理。时尚、流行等活跃的元素决定了许多商品的更新速度越来越快，消费者受到各种各样的关于"奢侈消费""名牌消费"观念潜移默化的影响，加之人所共有的从众心理，更容易在购物中欲罢不能。

虽然不少购物者感到"购物确实能带来快乐",但无论是释放压力、消磨时间还是排遣寂寞,消费购物都不是根本办法。建立可信赖的人际关系,进行适量的运动,拓展视野,将不必要的消费转为公益性的投入,例如参与慈善捐助、公益活动等,所获得的心理满足感将更加积极和长久。

心理自愈

想要改变购物模式,从行为上逐渐控制自己的购物欲是比较有效的。以下是3点建议:

- ① 购物之前养成"做计划"的习惯
- ② 养成记账的习惯
- ③ 不要沉溺于可透支的刷卡中

1. 购物之前养成"做计划"的习惯

可以在没有打折或者闲暇的换季时候列出自己需要的物品。要把购物时间排到日程安排上,限定一个大致的时间,可以避免挑选时间长、范围广造成的购物过剩。

2. 养成记账的习惯

可以坚持记录大件商品或大笔消费的支出金额,减少盲目支出。

3. 不要沉溺于可透支的刷卡当中

沉溺于可透支的刷卡当中,不利于养成合理的消费观念。建议购物上瘾的人使用现金支付,这样比较清楚自己的消费额度,利于自己对购买行为进行控制。

需要提醒注意的是,有的人不仅高消费,消费时还会情绪过分高涨,不合理消费次数不断增加,这可能是在现实中遇到了难以克服的困难,通过购物来逃避问题。这样的"购物狂"如果同时还有话语格外多、特别开朗,很可能有抑郁或者躁狂的倾向，需要接受心理方面的专业检查。

六、"遗憾消费"，现代人的"遗憾"病

你是否有过这样的情况：在购买商品时总是兴致勃勃、信心十足，但买到家后不是觉得价钱贵，就是感到质量不好，有的甚至是不实用。这时想退又嫌麻烦，不退心里又懊恼不停。这其实就是现在人们常说的"遗憾消费"了。那么，你是"遗憾消费者"吗？

林晓最近要搬家，在整理房子时居然找出13只包、30双鞋，都是只穿过1~2次，其间不乏价值不菲的名牌货。

这些大多是她一时冲动的"杰作"，或因为店员的甜言蜜语，或因为自己的一见钟情，或因为贪便宜……现在，扔了确实可惜，可留着占地方不说，以后肯定也不会再用。她心里非常后悔，但也只能背着家里人悄悄地把它们处理了。

心理解读

相信在许多消费者，尤其是女性消费者身上都发生过这样的情景：经常花一些不该花的钱，购物后常常后悔，因为在心血来潮时买的东西根本用不上或很少使用。这种情况在心理学上称为"遗憾消费"，这种消费者就叫"遗憾消费者"。

造成"遗憾消费"心理的原因可能有以下4种：

1. 缺乏自我价值感和自信心
在购物中以"名牌""高价""精品""极品""孤品"来间接为自己定位。

2. 压抑、忌妒、紧张、劳累、孤独等都会导致人们无目的地购物
女性由于爱好体育活动、抽烟、喝酒的少，故心理补偿与发泄的渠道以购物为主。

3．消磨无聊的闲暇时间

人们在找不到文体活动场所时，"逛街购物"无形中会成为业余生活的一项较主要的内容，这是看起来主动实为被动的复杂心理过程。

4．生理原因

女性在月经来临前的几天里常伴有"超购行为"的发生。据英国的一份调查报告指出：72%受访女性承认在经前的几天里花费过多，过半数的女性事后感到用钱超出了自己的负担能力；15%的人因此出现经济紧张；16%的人因大手大脚而与伴侣发生口角。经前女性心理的烦躁波动无疑是引发遗憾消费的导火索。

心理自愈

想让自己走出"遗憾消费"的恶性循环，可以尝试以下4种方法：

1．不要一次性购买

换句话说，就是不要突击花钱。一些青年朋友在面临结婚或建设爱巢的时候，往往一改平时省吃俭用的习惯，一旦需要就会把长期攒下来的钱一次花光。其实不妨采取统筹兼顾、随遇随买的办法。家庭消费应该从大处着眼，小处着手。买东西最好有个计划，切忌"全面开花"。

2．不要冲动性购买

就是说不要在事先无计划的情况下，临时产生购买行为。尤其是不要受广告和精美包装的冲击及片面追求新奇和从众心理的影响，打乱了正常的消费开支。避免冲动，要遵循价值原则，所购物品应是生活必需品，遇到可买可不买的东西，不管别人怎样抢购，也不要盲目从众。

3．不要没有主见

有的人决策能力较差，对所购之物总是拿不定主意，同样买服装，有的款式很时髦，但花色却很单调；有的质量很好，价格又很贵，让人一时难以确定购买哪件服装更为合适。结果这方面相中了，买了又后悔另一方面的不足。还有人本来自己认为很好的商品，当给亲友同事欣赏时，听到别人说这件东西质量太差、样式太老等评价时，内心里便生出一种"悔不该买"的叹息。这两种人都是缺乏主见的消费者。

4. 要克服缺乏主见的购买行为，就要培养自己的合理决策能力

首先，要有自己的主见和信心，要加强自身修养，时常阅读一些有关消费的报刊，以不断积累购买和使用商品的经验教训，不要盲目地模仿别人，也不要盲目地听别人说三道四，这样就会增强自己对商品的鉴别力；其次，要在购物中进行合理决策，掌握行情及产品的发展趋势，包括价格、质量，这样就能在购物中趋利避害，减少后悔。

七、"颜面心理"，购物者的"颜面情结"

当你放下"颜面"赚钱的时候，说明你已经懂事了；当你用钱赚回"颜面"的时候，说明你已经成功了；当你用"颜面"可以赚钱的时候，说明你已经是人物了。别因为自己宝贵的"颜面"而一生处于贫穷和卑微之中。告诉自己，现在暂时的低头不可耻，以后长久的抬头才可贵。

刘音喜欢某大牌的包包已经很久了，但是因为太贵而一直没能狠下心来买。经过几个月的省吃俭用，她终于凑够了钱，于是托国外的朋友在圣诞节活动期间帮她代购了一个。

当包包漂洋过海来到她面前时她非常开心，觉得自己拿着这个包包出去逛街一定特有颜面，当初攒钱的辛苦被兴奋的心情冲得烟消云散。

心理解读

人们的消费行为会受到相关群体和社会规范的显著影响，人们通过消费物品来满足自己，表达自我认同；同时又遵循社会群体的共同规范和文化习俗，从而满足社会认同。颜面意识是影响中国消费者炫耀性消费的最显著因素。其根源在于消费群体对自身评价和社会评价过于敏感。

"颜面观"是导致消费者对奢侈品具有强烈欲望的一个重要原因。消费者的"颜面"观念越强，其消费水平就越高，他们也更倾向于以建立关系为目的的象征性消费。"颜面观"和"身份匹配观"会导致消费者更加关注和偏好商品的形象价值。

由于"颜面"的影响，消费者的"从众性""区分性"和"他人取向"3种"颜面"消费实际上都导致了他们倾向于买价格相对较高的品牌商品，甚至是奢侈品。但由于消费者的经济实力大多不足以负担高价格商品，所以会给消费者带来沉重的心理及经济压力。

心理自愈

想要自己摆脱"颜面情结"带来的心理负担，可以尝试以下3种方法：

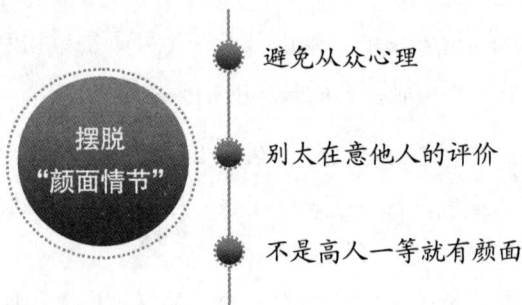

> 摆脱
> "颜面情节"

- 避免从众心理
- 别太在意他人的评价
- 不是高人一等就有颜面

1. 避免从众心理

一个人想要得到他人的尊重首先要自尊，不考虑自身条件而盲目跟风效仿只会让别人更加看不起你。有多大能力就过什么条件的生活，在现有的条件下把日子过到最好才是最有"颜面"的事。

2. 别太在意他人的评价

做好自己，不用在意他人对你物质方面的评价。一个真正有身份的人即使穿着寒酸也会让人觉得尊敬，一个粗俗的人即使一身名牌也不会让人羡慕。其实除了你自己，别人不会在意你的吃穿用度，你无比看重的"颜面"其实没几个人注意到。

3．不是高人一等就有颜面

不要过于在意把自己与大家区分开来，物质条件即使高人一等也没什么值得炫耀的。通过奋斗创造出属于自己的荣誉来才是值得称赞的，要明白真正的荣誉是在虚荣之外的。

八、别让攀比心理使你"压力山大"

生活累，一小部分源自生存，一大部分来自攀比。很多时候，很多压力都源自于我们盲目地和别人攀比，而忘了享受自己的生活。当你习惯以攀比衡量幸福时，你就已经输了生活。所以，别让攀比使你"压力山大"，认真地过好每一天就是最大的成就。

谭世琳和好朋友去一个商场买衣服，在挑选过程中她看上了一条非常漂亮的裙子。她对着镜子左右打量，不想脱下来。但是这条裙子很贵，一时间她有点儿犹豫不决。这时朋友走过来对她说："好巧，那天我陪乔姐逛街，她也喜欢这条裙子，但太贵了没买。"听她这么一说，谭世琳反而不犹豫了，很痛快地结了账，脸上露出了满意的笑容。

心理解读

攀比心理在心理学上被界定为中性略偏阴性的心理特征，即个体发现自身与参照个体发生偏差时产生负面情绪的心理过程。通常产生攀比心理的个体与被选作为参照的个体之间往往具有极大的相似性，导致自身被尊重的需要过分夸大，虚荣动机增强，甚至产生极端的心理障碍和行为。

社会和家庭是攀比心理产生的外在因素，个人心理则是内在因素，影响个人攀比心理的因素主要表现在以下 3 个方面：

1. 消费炫耀心理

炫耀心理其实是一种超过自我客观价值的自我虚构，表现在生活消费领域就是对物质生活的高欲望——追名牌、追流行。这种现象实际反映出一个症结：用富裕的物质生活来充实美化自己的形象，或以此提高自己在集体中的地位和显示自己的社会价值，以求得自尊的满足和心理的平衡。

2. 独辟蹊径的求异心理

青年人总是走在时代的前列，敏锐地把握着时尚，唯恐落后于潮流。他们更热衷于衣食住行的时髦和文化领域的时尚，甚至以叛逆式的、标新立异的奇特行为，以"追求前卫和新潮"的消费心态向社会展示自己的存在，展示自己的青春活力。在集体模仿式的消费行为中滋生出压倒对方以求独领风骚的畸形心理和行为，从而产生攀比心理。

3. 从众心理

从众是指个人受到外界人群行为的影响，而在自己的判断、知觉和认识上表现出符合公众舆论或多数人的行为方式。攀比心理引起的盲目消费是由于经验不足、消费目的不明确、消费决策失误造成的，从众消费是盲目消费的典型表现。

心理自愈

想要改掉攀比的习惯，养成良好的消费习惯，建议从以下3点着手：

1. 通过自我暗示，增强自己的心理承受能力

自我暗示又称为自我肯定，是指通过对个体预期目标积极的叙述，实现头脑中坚定而持久的积极认知，摆脱陈旧的、否定性的消极思维模式。

自我暗示是一种强有力的心理调节技巧，可以在短时间内改变一个人的生活态度和心理预期，增强个体的心理承受能力。具体表现为带有鼓励性质的语言、符号及动作。比如，当看到别人比自己好时，在心中默念"其实我也很好"之类的语句，久而久之，盲目攀比的习惯就会有所改善。

2. 尽可能地纵向比较，减少盲目的横向比较

比较分为纵向比较和横向比较。

纵向比较是指个体和自己的昨天比较，找到长期的发展变化，以进步的心态鼓励自己，帮助个体树立坚定的信心。

横向比较是指个体与周围其他人的比较，有助于找到自己的不足，以便朝着更好的方向发展。但是由于竞争的日益激烈，人们往往会陷入横向比较的误区，忽略了纵向比较。纵向比较会让人有更清醒的自我认识。

3. 增强自身实力，克服负性攀比

自信心是建立在强大的实力基础之上的，负性攀比的产生往往是因为个体自身的实力与期望值达不到均衡水平，导致自信心的缺失，从而产生抱怨、憎恨等情绪。因此，增强自身实力，才能战胜负性攀比，从压力中得以解脱。

人类是群体动物，生活在这个世界，我们不可能不与人打交道。要想在交际场上做一个受欢迎的人，在社会交际中占据主动，仅靠记住一些所谓的"社交法则"是无济于事的，必须学习一些心理学知识。掌握社交心理学，你就能洞悉对方的心理活动，就会在各种错综复杂的交际应酬中占得先机。

第八章

年轻社交达人的"修炼秘诀"——社交心理学

一、"YES、BUT 定律"：先接受再拒绝

当你的观点和别人的观点不一致的时候，或是当你企图用自己的观点说服他人、改变他人的想法和态度的时候，你会怎么做呢？当场就直接否定别人的观点，坚持自己的看法？当然不能这样！说话要有回旋的余地，要让别人觉得"跟你讲话永远有说服你的希望"，这样的交谈才是有效的沟通。

刘伟在一家保险公司做保险推销员。他是个说话高手，同事们在进门之前就被客户拒绝了，而他通常能跟客户聊好久。他的业绩在同事中也遥遥领先。

于是，有很多同事向他取经。他说到了最重要的一点，就是要有耐心，先听客户说什么，然后站在客户的角度想问题。最重要的是先取得说话权，等谈得顺利后，再趁机插入自己的看法，引导客户听取自己的意见。

比如，经常有客户会说"我对保险不感兴趣！"很多销售人员就被客户的这句话拒之门外。但是他有自己的说话技巧，他会接着顾客的话说："您说得有道理，谁会对保险这种关于生、老、病、死这类躲都躲不及的事情有兴趣呢？我也没兴趣。"

这时，很多顾客往往会反问："既然你没兴趣，为什么要做这一行呢？"这就给了小刘一个表达自己的机会。之后，他便把保险对人的重要性娓娓道来："虽然咱们都对保险不感兴趣，但是生活中很多的事情我们无法预料……"

如果刘伟开始就不同意顾客的观点"你错了，保险很重要……"那么，顾客只会对他反感，必定不会给他继续说下去的机会。正是由于他懂得先认同再表明不同的观点的说话技巧，才缓和了说话气氛，然后自然地为自己争得了说话的机会。

心理解读

很多"直肠子"或有自我膨胀心理的年轻人常常心里怎么想嘴上就怎么说,说话一点回旋的余地都没有。一方面让对方下不了台,另一方面激发了对方就是要跟你"对着干"的情绪,这样的沟通是失败的。

在企图说服别人的时候,直截了当的否定不仅说服不了对方,反而会引发对方的逆反心理,进而影响你和对方的关系。

为了避免这种情况的发生,可以采取以下几点建议:

首先,在拒绝别人前先认真倾听对方的意见。在沟通的时候,倾听有两个好处:①是能让对方有被尊重的感觉,能让人感觉到你的真诚。在你婉转表明自己拒绝的立场时,也能避免使对方产生受伤害的感觉,或是觉得你在攻击他;②也为后面的拒绝做了人情铺垫。你虽然拒绝他,却可以针对他的情况,为他提供合理的建议。若是能提出有效的建议或替代方案,对方一样会感激你,甚至在你的指引下找到更适当的做法,反而事半功倍。

其次,说BUT的时候,态度要委婉。即使你再不认同对方的观点,想一口回绝对方,也要尊重别人的思考成果。人都是要面子的,如果你能顾全对方的颜面,把对方置于一个平等的地位,才会让对方敞开心胸,接受不同的想法,否则对方可能会变得更加顽固。

"这事绝不可能!""你绝对是错的!"这样的说法会让对方难以接受,刚一开始就让你们的关系进入僵局。如果换个说法,"你说的这种事情也不是不可能,但是目前来说,发生的概率比较小……""你的做法也许是对的,我可以理解,但是对很多人来说都不太实用……""你的意见我想再补充一下!或许没那么好,希望大家参考一下。"这样说的话,即使意思是拒绝的也会让人容易接受得多。

其实,YES、BUT 的应变之道,不仅适用于沟通,更是一种以退为进的处世谋略。待人处事上圆滑周到有利于个人的发展,更有助于建立人与人之间的和谐气氛。

二、"瀑布心理效应":"一石激起千层浪"

我们经常会有这样的体会,在与人交谈时,你不经意说的一句话,对方却非常看重，明明你不是这个意思，但对方就听出了这个意思。所谓"说者无心，听者有意"，有时候你就是这样在不知不觉中伤害了别人。

如果对方是你熟悉的朋友，他还可以谅解你的无心之过，但如果对方是你的客户、上级、同事，那么这一句无意的话就有可能造成人际关系的紧张，让你损失一笔生意，甚至丢掉一份工作。

韩晶晶的朋友李小雪是个很可爱的女生，性格开朗、乐观阳光，在公司里人缘很好。唯一的缺点就是因为李小雪是"资深吃货"一枚，所以身材微胖。

有一次李小雪去见了一个网上认识聊得很好的男生，两个人一起吃了顿饭，聊得也算开心，但就是没有再见过面。同事们知道后就问李小雪原因，李小雪想了半天也没想通为什么。这时韩晶晶在一旁想都没想地就说了一句："是不是人家看见你那么能吃被吓着了？"李小雪当时就愣了，一句话也没说出来。同事们一看气氛不对赶紧悄悄地撤了。

事后李小雪好几天都没有搭理韩晶晶，韩晶晶也觉得自己一时无心伤害了李小雪，于是反反复复地道歉。韩晶晶此时既愧疚又疑惑：都怪我这张嘴，没事乱说什么。不过小雪平时不是开不得玩笑的人，这次怎么就生这么大气呢？

心理解读

在生活中，很多人都有过被别人的"无心之言"刺伤的经历，这种旁人一句随便说出的话却弄得你很不舒服的现象在心理学上被称为"瀑布心理效应"，即信息发出者的心理比较平静，但传出的信息被对方接收后却引起了心理的失衡，从而导致态度行为的变化。正像大自然中的瀑布一样，上面平平静静，下面却浪花飞溅。

想要避免人际交往中的瀑布效应，就要在说话时注意以下几点：

1．注意说话的对象

说话时要考虑对方的个性与身份。有很多年轻人说话总是喜欢按照自己的思维去说，不懂得注意对方的个性和接受程度。对于那些生性敏感、多疑、心胸狭窄的人，或是在心灵上有过创伤的人，我们对其说话要谨慎，不要想到什么就说什么。因为你所说的话，经过对方头脑加工，意思可能完全变样，甚至变得完全相反。

2．注意说话的内容

为了避免自己的一句闲话引起强烈的瀑布心理效应，这就要求我们在谈话之前要了解对方的一些性格、习惯、谈话禁忌，以及把握说话的分寸。不要以为自己不忌讳的东西，别人也不忌讳。一般来说容易引起对方误会、强烈反感的话题主要有对方的隐私、对方的伤心往事等。

隐私是每个人内心最敏感的话题，不便与人分享，所以不要询问别人的隐私。因为人们总是对自己的隐私非常在意，即使你是无意中问道，对方都会提高警惕，在心里想"你问这个干什么？""你是不是要调查我？"并由此对你产生戒备心理。

不要拿别人的缺陷开玩笑。人人都有各自的成长经历，都有自己的缺陷、弱点。也许是生理上的，也许是隐藏在内心深处不堪回首的经历，这些都是他们不愿提及的"疮疤"，是他们在社交场合极力隐藏和回避的。别人的有些缺陷即使一眼能看出来，也不要直白地作为谈话内容。即使你们的关系不错，即使他表面上完全不在意，但是你也不要提及这类话题。

三、"登门槛效应"：先得寸再进尺

我们在逛超市时经常会遇到这样一种情况：许多食品促销员会端着盘子邀请你免费品尝。你觉得尝一下没什么，但是只要你接受了免费品尝的建议，促销员就会热情地向你推荐这种食品，动员你购买。这时你因为吃了人家的东西，不好意思拒绝，于是就买了本来没打算买的东西。这其实就是"登门槛效应"运用到销售中的一个实例。

其实"登门槛效应"不只是教会我们如何去销售或者如何拒绝别人对你的销售，我们也可以把它运用到生活中去，一步一步接近我们的目标。

　　倪佳是一个刚刚毕业的大学生，她向往很多家企业都因她缺少工作经验而拒绝了她。但她没有放弃自己的希望，在又一次面试遭到拒绝时她提出一个请求："我现在没有经验是因为没有实践的机会，请给我一次工作的机会，我可以在试用期里不要薪水。"

　　这家公司觉得她的请求不会给自己带来什么损失，还能得到一个免费的劳动力，于是就答应给她 3 个月的试用期。在这期间，倪佳用自己的努力证明了自己的优秀，3 个月后她终于得到了自己梦寐以求的工作岗位。

心理解读

　　对于"登门槛效应"，在心理学上的解释是：人们拒绝难以做到的或违反意愿的请求是很自然的，但是人们一旦对于某种小请求找不到拒绝的理由时，就会增加同意这种要求的趋势。而当他卷入了这项活动的一小部分以后，便会产生一定的认知和态度。这时如果他拒绝后来的更大要求，就会出现认知上的不协调，于是恢复协调的内部压力就会促使他继续下去，或做出更多的帮助，并使态度成为持久的行为。

　　其实，在生活中这种技巧很多人都会不自觉地用到。比如，一个男孩在追求自己心仪的女孩时，总是先约女孩看电影、吃饭，然后才提出交往的要求；劝朋友喝酒的人，总是会先让朋友"浅尝一口"，等朋友喝下第一口后，继而把朋友灌得酩酊大醉。

　　如果一下子向别人提出一个不容易达到的要求，人们一般很难接受，若能逐步提出要求，将一个大的要求或目标分解为若干较小的要求或目标，人们就比较容易接受。

　　所以，心理学上的这个"登门槛"技巧，运用在我们的生活中就是：要达到自己的目标时，首先要进入别人的"门槛"；而要防止别人达到他的目标，则要阻止别人进入你的"门槛"。这听起来似乎有些矛盾，如何处理这个矛盾便是一种技巧了。

四、跷跷板定律：人际交往中的能量守恒

没有付出就没有回报，这个道理在人际交往中同样适用。没有人会始终无条件地付出，也没有人能够一直无代价地接受。想要在需要的时候获得别人的援助，首先要做的就是在别人需要的时候帮助别人。从能量守恒的角度来说，助人即助己。

伍宏是个性格开朗、大大咧咧的年轻人，但是他的人缘却不怎么好。主要原因似乎是他自信过了头。他从一家名牌大学毕业，学的是与工作对口的专业，而且专业成绩优异，在学校时受到的嘉奖与表扬已数不清。而且，本科毕业后，他又到国外深造了一年，拿了个硕士文凭。这一切，让他有一种无比的优越感。

同事们似乎不太喜欢他，背地里总是议论他："他以为自己是谁啊！凭什么让我去给他发传真？我也有自己的工作要忙耶！""凭什么动不动就让我给他打饭？""他几乎每个月都要找我借一次钱，我唯一一次找他借钱，却被他拒绝了。"其实，同事们哪一个不是大学毕业，专业成绩优异的呢？只是，伍宏考虑不到这些。

大家对他有很大的意见，平时连个招呼也不跟他打，生怕他会"黏"上，造成自己的负担。有时候碰到什么热门话题，大家在一起讨论的时候，都当他是透明人，像是有意要把他和自己划清界限。后来，类似的事情多了，他才逐渐地意识到原来他总是麻烦别人，而在别人需要帮助的时候又不能给予帮助，所以大家认为他是个自私的人。

心理解读

人与人之间的关系就像两人踩跷跷板一样，想要和谐相处就要保持双方付出的平衡和对等。一旦彼此的交换不对等，那么就会像跷跷板一样失衡。这在心理学上被称为"跷跷板定律"。

心理学家指出：人际交往在本质上是一个社会交换的过程，相互给予彼此所需要的。有的人把这种交换称作人际交往的互惠原则。对于这一点，年轻人一定要认清。

很多二十几岁的年轻人，由于从小家庭环境优越，受到父母和老师的宠爱，很容易陷入一种错误的认识，以为走入社会后，其他人也会像父母一样围着自己转，其他人有什么好的事情都会想着自己，自己遇到了困难，别人都会像父母一样义不容辞地出手相助。他们很少去考虑，"别人为什么要对自己好""别人凭什么要帮助自己"这类问题。

以自我为中心，是人际交往中的一种障碍，它会阻碍你的人际关系正常发展。因为以自我为中心的人只会关心自己的利益和得失，很少考虑别人的感受和利益；任何事情都站在自己的角度去看，盲目地坚持自己的意见和态度。因此，这类人缺少朋友。

也许很多人并不是自私，并不是有意不帮助别人，只是他没有意识到自己其实没有那么重要。这样的人如同坐在一个静止的跷跷板顶端，虽然维持了高高在上的优势位置，但整个人际交往却失去了互动的乐趣，因而变得索然无味。

保持利益的互惠要注意以下 3 点：

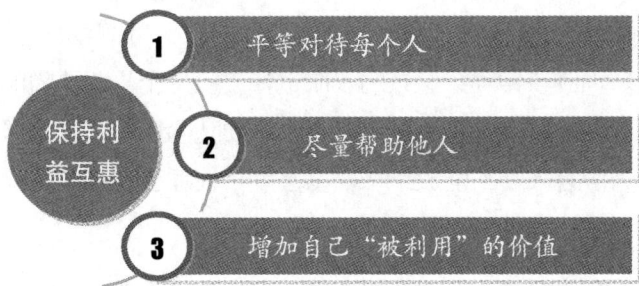

保持利益互惠	1	平等对待每个人
	2	尽量帮助他人
	3	增加自己"被利用"的价值

1. 平等对待每个人

我们身边的每个人，无论职务高低、知识多寡、贫富差距、身体强弱、年龄长幼，在人格上都是平等的。因此，在人际交往中，我们绝不能抬高自己而轻视他人，或是凭着自己有一些优势而拒人于千里之外。另外，在人际交往中，对于所有人，我们都应该给予应有的尊重。尊重他人的人格、个性习惯、情感爱好和隐私等。

2. 尽量帮助他人

在学校的道德教育课上，老师经常强调"帮助他人是一种美德"。其实，如果功利一点儿去看这个问题，我们也可以理解为，为了自己而帮助他人。因为每个人都有遇到困难的时候，每个人都需要得到他人的帮助。如果在他人需要帮助的时候，你没有伸出援助之手，那么当你深陷困境的时候，你也就没有资格向别人求助。所以，年轻人应该知道帮助他人不仅仅是一种美德，也有利于自己在遇到困难的时候获得他人的帮助。

3. 增加自己"被利用"的价值

既然交际是利益的相互交换，如果你要受人欢迎、吸引他人的话，那么就需要增加你"被利用"的价值。一切人际关系的建立与维持，都是人们根据一定的利益进行选择的结果。

那些对于自己来说是值得的人际关系，人们就倾向于建立和保持；而那些对自己来说不值得的或失大于得的人际关系，人们就倾向于逃避、疏远或者终止。因此，增加自己的"被利用"价值也是使自己受欢迎的一种方式。

五、"投射效应"：以己之心，度人之腹

你喜欢吃什么，便以为你的朋友也喜欢吃什么；你喜欢穿什么衣服，便认为你的朋友也应该喜欢穿这样的衣服；你自己是个思想狭隘的人，便以为你的朋友也不大度；你是个心地善良的人，便认为所有人都是好人；你害怕失去，便以为所有人都不能放下……以己度人往往会存在偏差，想要了解他人的想法就要主动沟通、全面认知。

陆涛和同事们的关系总是处理不好。同事们似乎都不太喜欢他，其实并不是他有多大的缺点，而是他总对他人充满了敌意。在工作上，他总希望自己什么都得第一，同时，他又感觉同事个个都在暗地里与他竞争，甚至认为别人对他有仇恨心理，似乎对方的一举一动都具有挑衅的意味。

别人的一句玩笑，他会当真；别人不经意地轻拍他一下，他会以为是蔑视他。这些都会引发他的强烈反应，他会用激烈的"反击"来回应对方，有时候他甚至因为一件不起眼的小事就跟人家大吵一架。

有一次，部门的领导过生日，办公室的同事相约一起请领导到某酒店庆祝一下，有人倡议说，大家都准备一份小礼物吧！同事们都表示赞同，接着，有人说"那我买花！"还有人说："我买蛋糕！""那我就买卡片吧！"大家如此商量好了，准备赴宴。

陆涛认为大家都在说谎话，花和蛋糕怎么拿得出手？背地里还不知道为领导准备什么贵重礼物呢！这可是个和领导套近乎的好机会呀！要知道领导的一句话就关系到他的升迁。于是，陆涛特地花心思给领导买了一块贵重的手表，并精心包装了一番。

生日聚会上，大家纷纷拿出了准备好的礼物，果然是鲜花、蛋糕、红酒、卡片……当领导打开陆涛的礼物盒时，发现他送的表太贵重了，没有接受，而其他同事的礼物是"礼轻情义重"，领导都一一笑纳了。

因为这件事，陆涛常常被同事取笑，说他是个马屁精。其实，他并不是个阿谀奉承的人，只不过他认为别人都会取悦领导，所以就买了块表，想"跟着大家"一起套个近乎而已。

心理解读

在人际交往中，我们形成对别人的印象总是假设他人与自己有相同的倾向，把自己的感情、意志、特性投射到他人身上并强加于人。简而言之就是，人总喜欢以自己的认知标准去衡量他人。这种认知倾向在心理学上被称为"投射效应"。

我们经常会认为别人的好恶与自己相同，而把他人的特性硬纳入自己既定的框架中，按照自己的思维方式加以理解。比如，自己喜欢某一事物，所以跟他人谈论的话题总是离不开这件事，也不管别人是不是感兴趣、能不能听进去。

很多时候，我们对别人的看法和行为不理解。你觉得某个人的想法"大胆而不可思议"的时候，其实是因为你自己不敢去冒险；你觉得某个人的生

活不应该那么"忙碌"，是因为你自己过惯了清闲的生活；你感到某个人不应该那么"固执"，是因为你自己太容易妥协……

其实，当你说别人"不可理喻"的时候，是因为你自己不可理喻。

投射使人缩小了自己的思想视野，限制了自己对客观的正确认知。因此，我们在人际交往中，在思考问题的时候，要尽量避免投射效应。可以从以下这3点做起：

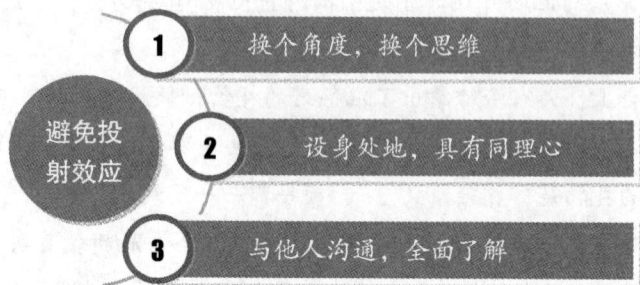

1. 换个角度，换个思维

投射固然是一个了解别人的方法，但仍需要经过思考来验证。因为通过思考，我们才不致被别人外在的行为表现所蒙蔽或误导，而错误地以自己的想法投射他人。因此，下次当你对他人做出某种结论的时候，不妨换种思维方式想想，考虑一下这个结论是否受到了自己经验或思维的干扰。

2. 设身处地，具有同理心

每个人的生活环境、社会地位、受教育程度、自身个性、生活需求等都不尽相同，这也必然决定了每个人在思维和行为上的不同。不要总站在自己的角度去看别人，而应该有一颗理解他人的心，这在心理学上称为"同理心"。从他人的角度看问题，便能避免在判断别人时，只单方面地将自己的特性、喜好投射给别人，认为他人具有与我们相同的特性与喜好。

3. 与他人沟通，全面了解

当觉得自己和别人的想法格格不入时，不妨与对方开诚布公，了解他人的想法，他人为什么要这样说、这样做。当你了解了他人，你会更好地理解他人，这将会为你缓解并减少人际交往中的不少矛盾。记住：以真诚沟通代替猜疑和假想，用客观的事实代替主观的认知，这样才能了解事情的真相。

六、"同体效应"：先做他人的"自己人"

当别人企图说服你的时候，你通常会觉得对方根本就不理解你，不懂你的心情，不了解你的感受，不懂得站在你的角度看问题，所以你无法接受对方的任何建议，甚至他说了什么你也懒得去听。

同样地，当你企图说服别人，给别人提建议的时候，如果不站在别人的角度去看问题，别人也无法接受你的任何观点。如果这个时候你能换个角度，让对方觉得你是他的"同类人""自己人"，那么对方会感到他自己被理解，由此卸下最初的防御和逆反心理，慢慢接受你的意见。

面试那天，张为拘谨地坐在面试官的对面，汗水正悄悄渗透衬衣。他认为自己昨晚做的工作已经非常充分了，但是面前的考官，洒脱随意，根本没有看他的简历，只是随意提问，这让张为绝望。因为他围绕着简历准备的提问和回答全都派不上用场了。

张为预感到对方对他失去了信心，但他知道这份工作能给自己带来巨大的收入和业内最宽广的平台，也不想放弃，于是面试即将结束时，他做了一个决定。

张为故作镇定地对面试官说："我能和您交换一下名片吗？"

他看到对面的人愣了一下，然后礼貌地互换了名片。

当晚，他拨通了这个和自己职业发展生死攸关的人的电话，他撒了一个"谎"，说："很抱歉！今天我的表现很糟糕，其实面试之前，我已经参加了另外一个公司的面试，而且非常顺利，我以为自己明天就可以去那家公司上班了，所以在面对您问题的时候，心态就有些漫不经心。但是，通过今天的面试，我被您的魅力所征服，我改变主意了，我现在就想在您的手下好好干。"

后面的聊天就随意了起来，挂上电话的时候，张为并不知道等待自己的是什么，可是"自己人效应"是被验证过无数次可以成功的金科玉律。一个星期后，张为接到了通知，正式踏入了自己梦想的公司。

现在的张为，坐在那张熟悉的椅子上开始面试别人，而且他同样坚守着这样的一个原则，那就是培养"自己人"。

心理解读

同体效应就是对"自己人"所说的话更信赖的一种心理反应。在人与人的沟通过程中，一般人都会认为"自己人"的出发点和利益同自己是一致的，那么语言表达上的问题就不是最重要的了。尤其当两个陌生人见面，这种感觉就更为突出，当双方均有一种对方是"自己人"的感觉时，就会有共同语言。所以，想要搞好人际关系，懂得和别人营造这种"自己人"的感觉尤为重要。

一般来说，在一个陌生的环境中，首先能获得你的好感的，必然是与你有共同点的人。比如，与你有共同爱好的人、与你有相同出生地的人、与你有相同的生活习惯的人、与你有相同经历的人等。

要使对方接受你的观点、态度，你就必须同对方保持"自己人"的关系，把对方与自己视为一体，在对方看来，你是在为他们说话，或你是为他们着想。这样，双方的心理距离就拉近了，对方不会感到某种心理压力的存在，也无须有戒心。同对方建立"自己人"的关系，就要找出与对方的"相似性"。这些相似性包括如下内容：

信念、价值观及人格特征的相似

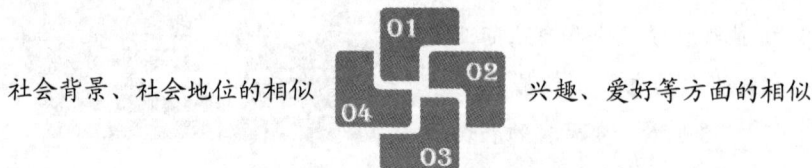

01

社会背景、社会地位的相似　　02　　兴趣、爱好等方面的相似

04

03

年龄、经验的相似，以及其他方面的相似

而要做到上述这些，就要事先做好准备。比如，你要对别人真正了解。如果你在对别人根本就不了解的情况下，还要做他的"自己人"，别人会感觉到你不真诚，而对你有一种厌恶感。

我们要与他人搞好人际关系，就不能不强化"自己人效应"。那么强化"自己人效应"应注意哪些原则呢？

第一，平等观。你要想取得对方的信任，先得和对方缩短距离，与之处于平等地位。人际交往的过程即是角色互动的过程，你要与他人搞好人际关系，如果动辄就摆出一副居高临下之势，以"三娘教子"的态度教训别人，那就"互动"不起来，很难叫人喜欢你。

第二，要对别人感兴趣。美国著名的人际关系学大师卡耐基说过一段发人深省的话："你要是真心地对别人感兴趣，两个月内你就能比一个光要别人对他感兴趣的人两年内所交的朋友还要多。"人们总有一种"想使别人对我感兴趣"的心理趋向。一个有理智的人，应当用"自己人效应"去调节这一心理趋向，使之走向平衡、和谐的状态。

第三，给人以"可信度"。所谓"可信度"，是指使他人相信你的言行真伪的程度。在人际交往中，你的话语必须使人感到你说得在行、说得中肯、说得动听，才能增强信息传递的效力。但在这三者之间，起根本作用的还在于你是否说得中肯。当你的话可信度高的时候，大家就会热情地视你为"自己人"。

第四，要优化自己。当其他条件都相等时，一个人越有才华，越有能力，人们就越喜爱他。你在能力、才华方面如果比较突出，就会产生一种人际吸引力，使他人对你产生钦佩并欣赏你的才能，愿意把你作为"自己人"而与你亲近。这就是"自己人效应"中的"能力吸引"因素。你要强化"自己人效应"，也就不能不重视你的能力、才华的提高。

第五，要具有同理心。同理心就是站在对方立场思考的一种方式。在既定的已发生的事件上，把自己当成是别人，想象自己因为什么心理以致有这种行为，从而触发这个事件。

另外，在讲话的时候，可以用"我们"代替"我"。因为多使用"我们"一词，会缩短自己与对方之间的心理距离，让对方产生认同感，这在心理学上被称为"卷入效应"。很多年轻人不懂得这一点，说话的时候往往更多地使用"你"这个词，这样就让人感觉你和他分别属于"你"和"我"两个阵营。

七、超限效应：凡事要有度

无论是说话还是做事总要掌握分寸、把握尺度，许多时候过多的解释和强调只会适得其反。讲话不必长篇大论，说到点上就好；做事不必反反复复，简单有效就好。

金宇是一个说话常常不在点子上的人，说起话来没完没了，大家都不爱听。虽然是个年轻的小伙子，但是同事们都戏称他为"阿姨"。

每次他说话都怕别人听不懂，总是反复地解释好几遍。并且东一句、西一句抓不住重点。往往是他自己讲得筋疲力尽了，别人还是听得晕头转向。同事们打趣地说："开会的时候听金宇做个汇报，我睡一个小时，醒过来照样能听懂他说什么。"

鉴于他的这个说话的"特点"，每次开会要发表意见的时候，经理都安排他最后一个发言，因为害怕耽误大家的时间，有很多次，他的话还没说到一半，经理就不耐烦了："行了，行了，你说重点吧！"或是干脆让他别说了。

心理解读

"超限效应"是指刺激过多、过强或作用时间过久，从而引起心理极不耐烦或逆反的心理现象。

生活中很多嫌父母、亲戚或是领导啰唆的年轻人对这种效应体会得尤为深刻。对此，心理学家的解释是：人接受任务、信息时，存在一个主观的容量，超过这个容量，人就不愿意认真对待这些任务了。

如果你在做一场报告抑或是一场演讲，你必须在3分钟内进入你的主题。整个的演讲过程要逻辑清晰，层层推进。演讲过程中要设计语调的变化，意境的变化，力求在"中场"也能产生"3分钟效应"。

在一个大型的论坛上，更要控制好自己的时间，用好3分钟和30分钟，重点内容要在30分钟内讲到，主讲内容控制在40~50分钟。时间过长，听众的精神会疲劳，注意力会分散。有一种人被叫作"麦霸"，说的是这种人很迷恋麦克风，喜欢拖场，殊不知他后面的信息已经很难被听众接受了。

　　两个人交谈的时候，同样要注意节奏，控制时间。重要的内容要在前面的 30 分钟充分交流，切忌铺垫太长。如果你发现对方已经开始看表，或者注意力开始分散，东张西望，你的谈话就要准备收场了，收场的时候最好把你的态度或者观点再总结一次，这样效果较好。

　　指导你的下属或者帮助你的同事的时候，也要讲究艺术。就某一个问题，可能是他的一个毛病，也可能是你给他的一个建议。要抓住一次机会深深地给他说清楚，然后给他时间让他自己领会和接受。过一段时间还没有改变的话，可以再找一个非正式环境提醒他，但是要注意点到为止。同时做出想耐心倾听他意见的样子，如果他没有反驳，就可以说明他是会接受的，以后你要做的就是在时间上给他些压力，令他尽快改变。在类似的事情即将出现的时候提前给他一个提醒，帮助他克服。

　　切忌就一个问题在短时间内三番五次地跟他讲，反复向他强调，这样你很容易给他留下"婆婆妈妈"的印象，还会让他对你产生厌烦及逆反的心理，不利于你们日后的沟通与共事。

　　超限效应，对做广告宣传也有一定的启示。一个创意很好的广告，第一次被人看到的时候令人赏心悦目，第二次被人看到的时候，会让人用心注意到它所宣传的产品和服务。但如果这种创意好的广告在短时间内大密度轰炸时，就会令人产生厌恶感。所以，广告宣传需要有一定的度，需要从多维度刺激消费者的感官，要适可而止。

八、"近因效应"：不快巧变好感

　　在人际交往中，"近因效应"发挥着重要的作用。它可以让人把注意力集中在近期的印象上，从而淡忘之前的种种感官回忆。因此，合理地利用近因效应，可以将不快变成好感，给人留下长久的好印象，稳固人际关系。

　　王腾是某家小型企业的财务主管，平时对待工作的态度非常认真，对手下的员工要求也十分严格。虽然他在工作上一丝不苟，但却一点儿没有影响他和手下员工之间的融洽关系，大家也都没有因为他在工作上的严格要求而讨厌他。

　　一次他手下的一名会计犯了一个不该犯的错误，给公司带来了很大麻烦，气得他当场就把文件狠狠地摔在了桌子上，办公室内的气氛瞬间变得非常紧张。犯错的会计既羞愧又尴尬，连看都不敢看他一眼。

在问题解决后，王腾上前拍了拍那名会计的肩膀说："我知道你也不是故意的，不要难过，下次注意就好了。"一句话让本来很抑郁的会计瞬间就得到了安慰，之前对王腾紧张、不安的心理也随之烟消云散了，内心不禁升起一种好感，觉得他虽然严厉了一点，但是对手下员工还是很好的。

心理解读

"近因效应"是指交往中最后一次见面或最后一瞬间给人留下的印象，这个印象在对方的脑海中会存留很长时间，不但鲜明，且能左右整体印象。

"近因效应"与"首因效应"相反。在多种刺激一次出现的时候，印象的形成主要取决于后来出现的刺激，即交往过程中，我们对他人最近、最新的认识占了主体地位，掩盖了以往形成的对他人的评价，也称为"新颖效应"。

绝大多数人都知道首因效应，知道与人初次见面时，第一印象很重要。因此，如果是找工作去面试，我们会理发、整装、化妆，以求给人留下良好的第一印象；如果是第一次与某人见面，我们通常会面带微笑，彬彬有礼，让彼此的关系有一个好的开始。

遗憾的是，人们重视"首因效应"的同时，往往忽视了"近因效应"甚至对此一无所知。事实上，在学习人际交往中，"近因效应"与"首因效应"同样重要。由于人们对"近因效应"缺乏认识，或者不够重视，导致事情前功尽弃、功亏一篑的事例不胜枚举。

如果你在与人初次见面的过程中，犯下了某种错误或是表现平平的话，可以在分手之前用一个良好的表现以改变对方对你原来的印象。只要你的表现得体，不管原先的表现如何都可以获得补救，甚至留下难忘的印象。

此外，近因效应有时还会影响我们的判断。用近期的行为来评价一个人很容易片面、失误。比如，某人近期突然出现了异常言行，使别人印象非常深刻，以致推翻了根据过去此人一贯表现所形成的看法，从而形成了一定的偏见。

知道了产生偏见的原因，在评价一个人时就要避免这种以偏概全的做法。因此，只要把一个人近期的行为放入往日的行为中综合来看，就不会对我们的判断产生妨碍。

九、"禁果效应"：吸引对方的注意力

生活中你是否会有这样的经历：一部剧本来没有兴趣看，但听说被减了很多镜头，于是就想方设法去找原版看看；旅游景点明明设置了游客止步的牌子，但还是忍不住好奇心透过禁闭的门缝偷偷看门后究竟有什么……

于是，你发现越是被禁止的事对你来说就越有吸引力，这就是"禁果效应"。

"别和陌生人说话，别做新鲜事，继续过平常的生活。胆小一点儿，别好奇，就玩你会的，离冒险远远的，有些事想想就好，没必要改变。待在熟悉的地方，最好待在家里，听一样的音乐，见一样的人。重复同样的话题。心思别太活，梦想要实际，不要什么都尝试。就这样活着吧。"

这是陌陌的一个 TVC 的文案。以一段看似消极的文案、夸张刺激的画面、迷糊充满睡意的配音，企图引导我们去"发现身边的新奇"。

这其实也是利用"禁果效应"引起我们的逆反心理，从而激发我们的好奇心的一种方式。当我们的耳边一遍又一遍地响起"别……别……没必要……不要……"这样似曾熟悉的"唠叨"时，我们会本能地选择抗拒，于是我们的注意力就被吸引过来了。陌陌的 TVC 广告，并没有正面过去倡导人们如何去猎奇，恰恰却能促发人们去猎奇的心理，也是运用了这样的原理。

心理解读

"禁果效应"是指基于对某种禁令的逆反心理而产生的强烈的探求欲望和尝试冲动。

人们渴望揭示未知事物的奥秘，本来一个平常的事物，如果遮遮掩掩，

就会大大吊起人们的胃口，非要弄到手，研究个明白而后快。否则这种好奇心就会一直折磨人们的心灵。

尤其是人们觉得被禁止的东西，是某些人想专有的东西，那么它一定是因为太好，而舍不得给所有人用。这就使人们推测被禁止的东西是好东西，所以才格外向往。而且花费心思和力气得到的东西，使人们有一种成就感，比对待容易得到的东西更加珍惜，这也是惯常的心理。

"禁果效应"似乎让人头疼，但是，我们也可以利用人们的这种心理特征把不喜欢而有价值的事情人为地变成禁果，以吸引他人的注意力，激起挑战欲，从而影响他人的思想意识和态度行为，最终使他人做出自己希望的举动。比如，现在有些书和电影就利用了人们的原始"禁果心理"，增加自己的点击率和销量。我们姑且不论内容如何、层次高低，但仅从名字来判断，就足以引起人们去看的兴趣。

十、"互惠原则"：你帮助别人，别人才会愿意帮助你

人是三分理智、七分感情的动物，很多时候，感情投资要比物质投资更有价值。人生在世谁都不能保证自己一直圆满，帮助别人其实也是为自己留路。年轻的时光是付出的季节，别吝惜你的汗水，别计较你的得失，大胆地去付出吧！

姜宽在公司的人际关系非常好，只要一提到他，同事们总会亲切地评价一声"大暖男"。老板在开会时还特意对他提出了表扬，说他勤快、踏实、热心。

其实日常的工作中姜宽也没做什么特别的事情，但他总是会在别人最需要帮助时帮上一把。比如，公司新来的小员工有些拘谨，他没说什么安慰的话，只是吃午餐时顺便叫上她聊几句；同事去谈业务却忘了带烟，姜宽自己不抽却不忘带上一盒；同组同事去汇报工作，马上开始时却发现自己的电脑和会议室的接口不匹配，姜宽主动上前递上一根接口转换线，化解了燃眉之急。

正是因为接受了姜宽许多的"小帮助"，所以每当他有困难时大家总是毫不犹豫地帮忙，有他在的地方，气氛总是非常融洽。

心理解读

每个人都想保持内心的安静与平衡，所以当他们感觉到自己亏欠对方时，会本能地还予对方。即行为孕育同样的行为，友善孕育同样的友善，付出也会孕育同样的付出。你怎么对待别人，别人就会怎么对待你，这种心理平衡性使人们之间形成了"互惠原则"。

当人们给予他人好处后，他人心中会有负债感，并且希望能够通过同一方式或者其他方式还这份人情。所以，有时候适当吃小亏的人往往能够获得长远的利益。

想要帮助别人，投资人情，可以参考以下建议：

1．从小事做起

职场中的同事间除了竞争关系外，还有互助关系。如果不离职的话同事应该是你这一天接触时间最长的人。所以从小事上帮同事一把也是有必要的。例如同事需要购买一样东西，你只是告诉她哪里有打折的物品，但是对于她来说也许就是重大的情谊。

2．有来有往，良性循环

一次性人情是失败的人情交往，很可能就是一种交易。送人情、再还人情、再送人情、再还人情……这才是良好的人情循环。

3．体贴入微，供人所需

在不违反法律条规和做人原则的前提下，给予别人需要的，才是最有价值的人情。哪怕是下班回家，你借给同事一把伞，因为契合了他的需要，他也会记在心里。

4．还人情，拿捏好保质期

如果别人对你有所恩惠，你定会图谋回报，那么，多长时间还这个人情呢？一般在一个月左右。如果超出这个时间还没有归还，很容易让对方觉得你是个不可深交的朋友。如果在还人情有效期内没有找到合适的归还方式，可以向对方暗示你会记着这个人情，在今后对方需要帮助时一定给予帮助。

十一、"距离法则"：每个人都是独立的个体

人与人交往大多凭感觉，他距离你太远，你听不见他的心跳；你距离他太近，他看不清你的样子。的确如此，适当的距离产生美，不当的距离折磨美。

那么，什么样的距离才是最好的呢？

徐蕾找工作的过程有点偶然。之前她参加了一个英语培训班，并在里面认识了李洁，两个人很聊得来，于是变成了很好的朋友。

一次偶然的机会，李洁告诉徐蕾她们公司业务扩展，需要招一批人，如果徐蕾有兴趣，她愿意推荐徐蕾过去。徐蕾觉得这是一个很好的机会，于是就同意了。可是徐蕾进入公司后慢慢发现，情况并不像她想象的那么乐观。

在英语培训班的时候，李洁是一个很爱动的人，可是在单位她却很少愿意走动，一有事就叫徐蕾帮忙，哪怕徐蕾手头正有事。

碍于面子，徐蕾从不与她计较，但李洁却习以为常了，就差把徐蕾当作她自己的专职秘书。虽然每次徐蕾都告诉自己，李洁就是这种大大咧咧的性子，自己又是她引荐进公司的，但是和李洁的关系却没有以前那么好了。

心理解读

"距离法则"又称为"刺猬法则"，它主要强调的是人际交往中的"心理距离效应"。它来自于冬天刺猬相互靠近取暖的实验：刺猬取暖的时候，靠得太近，会互相扎刺；离得太远了，又不暖和。只有保持适中的距离，才能取暖。

"距离法则"运用在人际关系中，便是人与人之间的相处不能距离太远，太远了关系会显得生疏，从影响力的角度考虑，便无法施加影响；但也不能距离太近，太近了关系太过亲密，势必会出现摩擦、厌烦，同样也不能更好地施加影响。

　　在生活中，人们也时常提倡"与人相处要走近点，这样才能搞好关系"。但是距离的走近，并不等于心灵的走近，距离越近，彼此越容易出现摩擦，越是天天泡在一起，越容易厌倦对方。

　　人际交往的空间距离是可变的，且具有一定的伸缩性。这由具体情境，交谈双方的关系、社会地位、文化背景、性格特征、心境等决定。当情境不同时，应当因势调节距离。想要做到不近不远，不亲不疏，这需要一些技巧，具体如下：

尊重别人隐私
社会地位差异
性格差异
要有容纳意识

1．社会地位差异

　　一般情况下，社会地位高的人要求有更大的自我空间，因此无论你和对方的关系到了什么样的程度，你都需要和他保持比一般人更远一些的距离，过分亲密对他来讲，无异于不尊重。

2．性格差异

　　一般来说，性格开朗的人较容易容忍别人的靠近，他们也愿意主动去接近别人，他们的自我空间较小。而性格内向、孤僻自守的人对靠近他的人十分敏感，即便你是他的好朋友或是家人，你都要保证和他的距离控制在一定的范围之内。

3．尊重别人隐私

　　即便是最亲密的人际关系，如夫妻，也应彼此保留一些空间。这种尊重表现为不随便打听对方不愿意、不主动告诉你的事，不追问对方的秘密等。过度的自我暴露虽不存在打听别人隐私的问题，却存在向对方靠得太近的问题，容易失去应有的人际距离。

4．要有容纳意识

　　容纳意识要求我们尊重差异，容纳个性，包容对方的缺点，谅解对方的一般过错。"水至清则无鱼，人至察则无徒。"可见，清澈见底的水里面不会有鱼，过分挑剔的人也不会有朋友，没有包容的意识，迟早会将人际关系推向崩溃的边缘。

十二、"比林定律"：学会说"不"也是一种智慧

工作最大的意义在于创造价值，如果你每天为了讨好周围的人而辛辛苦苦，那么注定你再怎么辛苦也无法讨好他们。能力永远是最关键的，适当的时候知道如何说不，比一直说"是"更能赢得尊重。要知道顺民等同于草民，没有自己的声音，没有自己的想法就永远也得不到别人的认可。

在做第一份工作时，胡小宇很听父母"到新公司不要太计较，能多帮同事做点事情就做点事情"的劝告。每逢节假日值班，只要谁开口他都答应，为此不知道浪费了多少个节假日。他每天都被几个老员工指使得团团转，忙的都是他们剩下的边角工作，有时连晚饭都没有时间吃，同事们都叫他"加班达人"。

然而随着工作的增加，胡小宇没有再像以前那样帮他们跑腿了，于是抱怨就接二连三地来了，有人还当着他的面说："你变了，变得不好相处了。"

这件事对胡小宇的刺激很大，从那一刻起，他重新思考和同事的相处方式，觉得自己以前做得不对，要学会说"不"。

心理解读

"人在一生中所遇到的麻烦有一半是太快说'是'，太慢说'不'造成的。"这句话是美国幽默大师比林的名言，也是"比林定律"的由来。

现实生活中的普通人，甚至包括不少的处世高手在面对别人的请求时也很难把"不"字说出口。也就是基于这种原因，我们常常使自己陷入"不得不答应"的尴尬境地当中。

更严重的是，这样的应承会打乱原本的计划安排，让生活、工作陷入被动。如果总是如此，帮助和付出所带来的快乐感和满足感都将不复存在，反而沦为一种累赘，把自己弄得疲惫不堪，这又何必呢？

面对他人请求，一味答应或者回绝都是不可取的，关键在于要学会区分究竟哪些请求可以应承，以下是 5 点建议：

1．学会倾听

别人有请求的时候，听的时候不要急躁。不要别人还没说完就断然拒绝，要站在对方的立场严肃思考，一定要显示出明白这个请求对他人的重要性，让对方了解到自己的拒绝不是草率做出的，是在认真考虑之后不得已而为之的。

2．态度温和

别人在需要时可以想到你，这点还是比较值得感动的。但是下一步就是要倾听对方陈述的要求和理由，再找到拒绝对方的理由。当然说这些话的时候要保持一种和蔼的态度和表情，表示出对对方的好感和真诚之心。

3．说句"对不起"又如何

对于他人的请求，表示出无能为力或迫于形势不得不拒绝时，一定要加上"实在对不起""请您原谅"等道歉语，这样就能不同程度地减轻对方因为遭受拒绝而受的打击，并舒缓对方的挫折感和对立情绪。

4．态度要坚决

拒绝的态度虽然要温和，但是明显不能办到的事应一直坚持自己的原则。模棱两可的说法让对方怀有希望、引发误解，当最终无法实现时会使对方觉得受到了欺骗，如此引起的不满和对立情绪往往更加强烈。况且如果你一开始就拒绝，后来又答应，会给人留下"端架子"的不良印象。

5．态度真诚，无愧于心

拒绝的时候，找到真诚的、符合逻辑的理由最好，这样有助于维持原有的关系。如果你觉得拒绝的理由不充分也可以不说明理由。千万不可编造理由，因为谎言终究会被揭穿。当你说明理由后对方试图反驳时，千万不要与之争辩。争辩会把理性转化为感性，只要重申拒绝即可。

为什么成熟的男人、优秀的男人全都成了别人的丈夫，而没结婚的男人有很多是不像样的？那是因为"好丈夫"都是自产自销的，好男人都是妻子培养出来的。婚姻这门课，没有男人能自学成才。对于婚姻，绝对不是"你负责赚钱养家，我负责貌美如花"这么简单，想要幸福，你需要精通婚恋心理学。

第九章

你必知的幸福宝典
——婚恋心理学

一、婚姻需要彩排吗？试婚，请你慎之又慎

《非诚勿扰 2》的女主角舒淇曾在影片发布会上说："结婚前一定要试，试好了再结婚，结了婚就不离。"时代在变，观念在变，当一批又一批的人投身试婚的潮流当中时，我们需要考虑的不再是可不可以试，而是应不应该试。试穿、试吃都有退货的机会，并且往往没有任何损失；而试婚即便能退婚，留下的也是无法挽回的损失。

80 后的吴欣和男友相处一年了，两个人感情也很好。如今已经到了结婚的年龄，两个人既不想爱情长跑，又担心马上结婚存在风险，于是想了一个折中的方法：试婚。

结果这一试，两人发现了许多以前相处从没发现的问题。比如，隐私问题。没住在一起前，男友接到异性的电话，吴欣过问几句，或者翻翻他的小抽屉都不会受到他的反对，可是住在一起后每当吴欣翻看男友的手机通话记录或者电话监控他的行踪时都会受到他的强烈反对，男友说吴欣小肚鸡肠、疑神疑鬼。

以前吴欣一个人住时，觉得整理房间是一件充满乐趣的事情，但是和男友生活在一起后，她发现自己在他眼里完全是个怪物。从小妈妈就告诉吴欣两只袜子要挽成一个球放在抽屉的第二格，可是男友认为她这样做很白痴；一吃完饭马上就要刷碗，可是男友推托看完体育新闻再刷，最后连晚间新闻都完了他还是不想洗。男友还经常说："人生就是被你这样的女人搞得没有意义的。"

每当吴欣看见男友堆了一个星期的袜子不洗，经常长时间观察他嘴里最里面的那颗牙齿等行为时都觉得自己以前太不了解他了。

心理解读

试婚与结婚的区别就是不办理结婚登记手续，缺少一张结婚证。它不是正式的婚姻，只是男女双方在正式步入婚姻殿堂前的一次尝试。试婚，作为

一种实现男女共同生活的没有法律效应的约定，总归是不正式的，是与中国人特有的"含蓄""贞操"等观念相违背的。

当前很多人对婚姻没有安全感，这是选择试婚的重要原因。心理学认为，人类的痛苦来源于拒绝接受现实，让自己活在过去而变得抑郁，或让自己活在将来而变得焦虑。有的人试婚是因为曾经失败的感情经历让他们深受打击，对婚姻缺乏信心；而有的人试婚是因为对未来的焦虑，担心以后会离婚。但无论是抑郁心理还是焦虑心理都是一种不正常的心态。婚姻虽然是以感情为基础的，但同样需要用理智来做决定。

试婚的结局是否幸福关键在于你的心理是否成熟，你是否已经想清楚试婚带来的各种后果，是否能理智地面对试婚中的变数，并有担当面对未来的婚姻。其实不管是试婚，还是真的进入婚姻生活，如果自己不用心去经营，那么想要幸福的婚姻都会很难。

如果你正在考虑试婚，那么需要提前了解一些试婚的知识：

1. 试婚的作用

试婚的作用在于可以让双方认识到最真实的对方。两个人生活在一起，难免会有摩擦，如果双方不能随时调整自己，抱着自省和宽容对方的态度去磨合，就可能导致越来越多的矛盾，感情会越来越淡薄。

经过试婚，双方往往会看到彼此最真实的一面，包括生活习惯、行为风格、个性特征、情绪管理等。很多时候对方真实的一面会与恋爱时留下的印象形成落差，这就需要双方都调整自己、修正自己对对方过于完美的印象，重新接纳完整的、真实的对方。

2. 试婚前需要做的准备

试婚的准备主要包括心理上的准备与情感上的准备两个方面。

从心理上来说，双方都是独立的个体，都具备独立的人格和能力，可以独自为自己试婚的选择负责；对爱情和婚姻有成熟、客观的理解，既不理想化，也不消极灰暗；对试婚生活有合理的心理预期，享受它所带来的甜蜜和快乐，也预估到可能出现的矛盾和失望，并用平和的心态去面对和解决可能出现的问题；相互珍惜，真诚坚定，不轻言放弃。

从情感上来说，是否双方都觉得对对方有真实的感情存在，并确定这种感情是绝对的爱情，而不是出于同情、依赖、感激等心理或身体上的寂寞才走到一起。

3. 防范试婚不成而引起的纠纷

尽管试婚被认为有不少好处，但也存在较大的风险。在此强调，国外的研究表明，婚前试婚过的夫妻在婚后离婚的概率更大。同时，由于试婚不受法律保障，试婚期间的经济往来如果没有预先的约定，一旦日后分手常会引发纠纷。

未婚怀孕和生育同样是一个不容忽视的风险，一些女性的身心可能因此而受到伤害；还有些人打着试婚的幌子，却频繁更换伴侣。因此试婚前，双方最好有正式约定，以便对日后可能出现的经济、住房和意外怀孕等问题有所防范。

心理学家认为，试婚对不同的人会有不同的结果。因为每一个人的性格、观念、心态、感情都是不同的。其实试婚并不一定就代表着婚姻不幸福，只要对婚姻充满信心，能够接纳对方的缺点与不足，那么通过试婚可以更好地让双方看清自己在婚姻中存在的问题，对正式步入婚姻生活有非常积极的作用。

二、"毕婚族"，你的心理婚龄到了吗

"婚姻是爱情的坟墓。不结婚，我们的爱情将死无葬身之地！"近几年来越来越多面临毕业的"校园情侣"们开始筹办婚礼。无论是宣称"找个好工作不如找个好男人"的女生们，还是认为"一起租房，一起生活更省钱"的男生们，"毕婚族们"准备了各种各样的理由来解释自己一毕业就结婚的行为。然而，"毕婚族"的婚姻真的可靠吗？

莫佳莹和郑昊是同班同学，也是相爱 3 年的恋人。拿本科毕业证那天，他们赶到了民政局，把结婚证也一同领到了手。尽管这个"疯狂"的举动惹

来身边亲友的极大非议，但他们最终还是排除万难，在大学附近的城中村租了房子，安了小家。

虽然小两口毕业前都找到了相对稳定的工作，但试用期收入加起来不到3 000元。除了房租、水电煤气、伙食费、交通费等，已所剩无几。眼看着广州的房价日益高涨，小两口也按捺不住想买房的念头。但一查银行卡余额，全部家当还不足五位数，还不够买两平方米房子。他们不得不向双方家长求助"首期"。

尽管生活上，他们已经脱离了父母，但由于没有足够的经济基础，一旦遇到要花大钱的时候，还是摆脱不了对父母的依赖。

心理解读

心理学家研究发现，"毕婚族"以女性居多。这与女性自身的性格特点有很大关系。相比于男性，女性存在更强烈的依赖感。在遇到困难的时候，女性往往不是勇敢地面对它、解决它，而更喜欢采取迂回的方法，绕过面前的障碍。

毕业后选择婚姻，而不是就业，这实际上是女性丧失独立性的开始。婚姻本身就是一个不稳定的因素，用婚姻去填补工作的不稳定性，有时不一定可靠。

缺少独立性的女性在婚姻中往往会因迷失自我而丧失对婚姻的主动权。虽然毕业生从生理和心理上来说都已是一个成熟的个体，在年龄上也基本达到了法定的结婚年龄，但这并不意味着他们的心理年龄也达到了应有的婚龄。

实际上，缺乏社会经验的大学生们大多数对婚姻没有足够的认识，对组建家庭没有充分的准备，日后的婚姻生活难免困难重重，矛盾不断。正因如此，年轻一代的离婚率高居不下。

然而，评价"毕婚族"的好坏不能绝对，也不能武断。先成家后立业，还是先立业后成家只是一个选择问题。

通过婚姻获得事业的基础，也未尝不可。只是那些还带着几分稚气的大学生们，拒绝接受就业带来的压力、将婚姻视作逃避现实的机会，轻率地选择婚姻，难免会"赔了夫人又折兵"。

三、"不婚族"，一个人的寂寞不精彩

激烈的竞争使女性的独立自强意识日益强化，有相当部分"白领"女性在物质上已经不用依赖男人，在事业上甚至还获得了超越男性的成功。她们或一身名牌，衣着光鲜，拥有自己的公司、房子、汽车，或满腹学识、谈吐优雅，却唯独少了来自亲密爱人的关爱。是什么原因让她们加入了"不婚"的行列呢？是不想爱还是找不到爱？

"我一个人过得挺好，我享受这样的生活，想不通干吗要结婚。"马可说起自己的不婚选择很坦然。

他是独生子，和父母关系良好，自己有一份稳定的收入，外加不少朋友，恋爱谈过几次，但婚姻对他似乎没什么吸引力。他拒绝婚姻的理由很简单："结婚意味着有另外一个人完全介入你的生活，管你的行踪，我好不容易摆脱我妈的控制，何必再给自己找个"监工"呢？"

马可表示，婚姻太复杂，幸福的因素完全不像单身生活那么好控制，既然结婚不一定幸福，而自己目前的状态幸福得像花儿一样，那么多一事还不如少一事。尤其是看了几个同学、同事上演结婚、离婚、再婚的"戏码"后，他更加坚定了自己的不婚决心。

心理解读

"不婚族"是指那些经济条件好、学识高、有一定的社会地位、终身不婚的一类人。他们大多向往无拘无束的生活，提倡自由主义。他们不婚的原因大致可以分为以下4种：

1．自由空间我独享

许多人的"不婚"属于"自选动作"。他们喜欢自己的生活状态。在青春期到青年前期这段时间，一个人应该建立的亲密关系他们并没有错过，"不婚"的选择是一种理性思考的结果。这类人对婚姻的不确定性有不安全感，不想牺牲目前的生活。

2．可能源于父母婚姻失败

如果父母婚姻失败或感情不好，可能会影响孩子对待感情和婚姻的态度，孩子可能无法顺利学会良好的和异性交往的模式。因为对婚姻充满了恐惧，总是认为不可能有美满幸福的婚后生活，所以选择不结婚。

3．顺其自然，随遇而安

"不婚族"里有相当一部分人并非不希望结婚，只是没有合适的对象，也懒得费大力气去寻找，对单身的现状，抱坦然接受的心态，并不强求非要走大多数人都走的这条路。在逐渐适应一个人的过程中，感情生活的空档被很多其他的生活乐趣所填补。

4．无人合适宁缺毋滥

很多大龄不婚人士心中，其实还是对爱情充满憧憬的，只不过他们不愿意轻易降低自己相对严格的求偶标准，宁缺毋滥。绝不委屈自己接受伪爱情，坚持为自己而活。

其实现代婚姻和传统婚姻在很多方面已经有所不同，婚姻关系中两人的交集可以不必像过去那样多，双方不仅可以适当保留属于自己的秘密，而且相当一部分时间也是和夫妻以外的人度过的。

结婚照样可以拥有属于自己的单独空间，只要互相信任、互相理解就不难做到。所以结婚并不意味着就是走进了"围城"，没有必要为了自由和空间坚持"不婚"。

至于那些由于父母婚姻不幸福而选择"不婚"的人则需要调节好自己的心态。爱情本来就是两个生活经历、家庭背景、修养等方面不相同的男女之间的心灵融合的过程。这个过程需要经历相知、相恋、相爱。在这些过程之中，男女在人生观、家庭观等方面都要进行交流，最后走进婚姻。

婚姻中肯定会存在冲突，但不能因噎废食。人的一生中都会有这样或者那样的恐惧，这也是正常的。面对恐惧需要我们调整自己的心态，而不是一味地选择逃避。

四、"恐婚族"，我距离婚姻越来越远

现代社会有一个日益"壮大"的群体——"恐婚族"。张爱玲说，最怕的是，一个有才的女子突然结了婚；朱德庸说，恋爱是两个人散打，结婚是两家人群殴。可见，对婚姻的恐惧一直存在，尤其是在社会高速发展的今天，"恐婚"好像流行病一样，"传染"给不少都市男女。

最近孙大鹏看上去憔悴不堪，原来这半个月以来他正因为结婚的事情和女朋友闹得不可开交。

孙大鹏和女友交往已经差不多四年了，两个人的感情一直很好，喜好相投。可自从开始谈婚论嫁之后，情况就变了。女友要求孙大鹏要时不时地向她汇报行踪，有时候和朋友们正玩在兴头上，女友一个电话打过来，还要求他的朋友接电话，以确认他的行踪。为此，朋友们常常取笑他。渐渐地，他那帮朋友外出聚会时就不再叫他了，偶尔见了面，总是问："婚礼准备得如何了？"

更令他郁闷的是，女友想逛街他绝对不能拒绝陪同，还要随时耐心地、面带笑容地听她提意见……周末懒觉也睡不成了，常被女友的看房计划排满，要么就是看家具看婚纱什么的，过得比上班还累。

领结婚证的前一晚，他有点犹豫了。第二天一早，女友就兴冲冲地打电话过来，叮嘱着，"别忘了带身份证、户口本……还有……"听着听着，孙大鹏突然变得很烦躁。

在去婚姻登记处的路上，几个朋友先后打电话过来，恭喜他"即将走入围城，彻底与自由告别"。他越想越郁闷，决定不去婚姻登记处了，对司机说："请改道……"

回到家里，他把手机关了，一个人喝了一整天的闷酒。晚上，找上门的女友自然是一番暴风骤雨般的哭闹，她越是那样，孙大鹏就越觉得自己的决定没有错。

"或许，将来克服了这种心理障碍之后，我们还是会结婚的吧，人总归

是要结婚的……不过，至少这一两年内，我不会再考虑结婚的问题。"孙大鹏喃喃地说着。

心理解读

"恐婚"是指社会中的一些人，尤其是一些适婚年龄的年轻人因为种种原因，对婚姻有较强的排斥或逃避感。这一群体被称为"恐婚族"。"恐婚"现象在城市的未婚人群中有一定的比例，尤其是那些 30 岁上下、收入较高的白领。"恐婚"是一种心理状态，一般会随着时间或情况的变化而改变。

"恐婚"现象是如今未婚人群中普遍存在的一种心理现象，它多发生于 25~30 岁这个年龄段，而以 30 岁上下且收入较高、恋爱（或是同居）时间较长的白领"恐婚"尤为严重。

"恐婚"人群出现的背后反映的是现代人对婚姻质量的高要求。和以前的婚姻相比，人们对婚姻有更高的期待，当现实与理想出现反差时就会出现恐惧。男性和女性恐婚的理由不太一样，女性说得最多的理由是害怕将来遇到更喜欢的人，而男性说得最多的理由是，在还没有更好的经济基础时，婚姻会令他倍感压力。

"恐婚族"有以下 6 个特征：

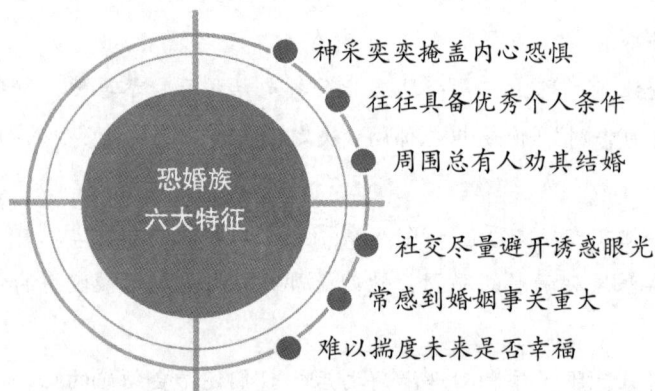

- 神采奕奕掩盖内心恐惧
- 往往具备优秀个人条件
- 周围总有人劝其结婚
- 社交尽量避开诱惑眼光
- 常感到婚姻事关重大
- 难以揣度未来是否幸福

恐婚族
六大特征

1．神采奕奕掩盖内心恐惧

恐婚者总是神采奕奕，风度翩翩，面带轻松的笑容，外表上根本看不出其他恐惧症患者那种眼神惊悚、身材消瘦、肌肉紧张的病态特征。

2．往往具备优秀个人条件

恐婚者拥有令人羡慕的择偶条件：思想前卫，个性率真，收入不菲，生活惬意，娱乐丰富，从不为无谓的事发愁；人缘不错，朋友众多。

3．周围总有人劝其结婚

恐婚者身边总围绕着许多人喋喋不休：年纪不小了，该结婚了。每到此刻，恐婚者就习惯性地咧咧嘴，把这些话置于脑后。在充实快乐的单身日子里，结婚是个枯燥而公式化的概念，人生还没有教会他未雨绸缪。

4．社交尽量避开诱惑眼光

恐婚男士总在一切社交场合，小心翼翼避开 25 岁以上的女孩投过来的诱惑眼光，他们自作多情地担心，如果在交往问题上态度暧昧，一年半载后这些处于敏感年龄的女孩就会以分房之类的借口提出结婚，故作轻描淡写地将他骗进家庭的牢笼。

5．常感到婚姻事关重大

恐婚者以各种理由徘徊于围城外，怕失去自由，怕被老婆孩子套牢，怕婚姻毁了现如今的快乐。也许有一天，他们能说服自己克服婚姻恐惧症，但心理上的巨大障碍可能会让他们产生强烈的失落感。

6．难以揣度未来是否幸福

在恐婚者的内心，未来幸福与否实在难以揣度。也许婚姻并没有想象中那么可怕，可责任和沉闷似一条危险的绳索，仍让他们感觉压力和恐怖。

心理自愈

人是社会性的，婚姻是社会组成的一部分，所以说排斥婚姻，也是一种社会适应不良，对人生的心理发展也会有影响。所以，对于婚姻恐惧症，我们要适当地调整与克服。对于婚姻恐惧症的调整，主要有以下几种方式：

1. 拥有良好的心态，多沟通

在即将步入婚姻之中时，要有一个开放的态度和良好的沟通，多与对方进行沟通，缓解面对进入婚姻的恐惧与焦虑，增强对婚姻的安全感与信任感。

2. 调整不合理的认知

一般来说有婚姻恐惧症的朋友，自己或者亲人与朋友都会有一些失败的婚姻经历，而这些经历在心中出现了心理阴影，导致对婚姻出现一些不合理的认知。这部分人首先应该多去认识接受一些积极正面的幸福婚姻实例，慢慢地去树立一个积极的婚姻观。

3. 接受心理辅导

通过心理咨询师的系统的心理辅导，来具体地分析产生婚姻恐惧症的原因，并进行心理调节。

五、"闪婚"时代来临，你做好准备了吗

在婚姻的天平上，一端放置感情，另一端放置时间，为确保感情的质量，人们通常增加时间的筹码。眼下"闪婚"却打破了这种平衡，那些3分钟一见钟情，5分钟谈情说爱，7分钟私订终身的人被称为"闪婚"人群。

著名节目主持人鲁豫曾在她的演讲《这见鬼的爱情》中讲述了她闪婚的亲身经历："我和我老公第一次约会，吃的第一顿饭，我说的第一句话是：'我没时间和你谈恋爱，我要结婚。'这句话说了你可能觉得我很"二"，但要知道那个时候我刚刚结束一段长达六年的爱情。那六年，我爱得小心翼翼，爱得委曲求全，我们很少见面，最常用的联系方式就是发短信，我总觉得一个男人对一个女人最大的承诺和赞美就是娶她，而我们之间从来不会谈这个话题，我很明白，就是因为他不够爱我。就这样让我等了1年、2年，我想跟他死磕，但是6年过去了，我觉得我熬不住了，爱情慢慢地离我远去。

"再说我跟我老公，那顿饭我们吃得非常非常的好。第二天，我们就各自回到自己的家乡，我们向各自的家人汇报情况，然后第三天我们双方的家长从各自的城市千里迢迢飞到北京来见面，一个礼拜之后我们就决定订婚了，又过了一个礼拜，我们就结婚了。要知道以前谁跟我说什么相亲、什么"闪

婚"我觉得很不靠谱，但是后来事实告诉我，所谓的一瞬，如果你碰对了人，那一瞬就可以成为永恒。话说那已经是 4 年前的事了，如今我们在一起生活得真的非常幸福，有一个儿子，今年 3 岁。"

这个案例告诉我们，"闪婚"并不一定都是不幸的，只要经营得好，"闪婚"一样可以很幸福。

心理解读

"闪婚"，顾名思义是指认识不久便闪电般结婚。这些"闪婚"人群从双方互相认识到结婚的时间都在半年以内，不少人甚至仅仅认识 1 个月左右就开始考虑结婚。按照我们一般的理解，男女双方从相识到相爱、相恋再到走进婚姻的殿堂并不是一朝一夕的事，但为什么"80后""90 后"闪婚者越来越多？为什么如此迫不及待要闪电般结婚呢？可能有以下 3 个原因：

1. 感情冲动型

经过几天甚至更短时间的接触，男女双方"感觉不错"，感情迅速升温，很快就完成了一系列情感与法律上的程序，携手走进了婚姻的神圣殿堂。表面上看，这似乎验证了那句名言，"缘分来了，挡也挡不住"，而实际上是感情冲动盲目，对待婚姻态度不严肃、不慎重的表现。

2. 心灵空虚型

因为感情受过创伤，或者由于有过婚姻失败的经历，一些人在心灵异常苦闷迷惘、感情无处寄托的时候，如果遇到合适的"疗伤"对象，必定会"一拍即合"，加入到"闪婚"的队伍中也就不奇怪了。为了满足暂时的情感需求，把婚姻当成了"止疼药"，不能不令人遗憾。

3. 利益速配型

目前社会发展的速度加快，社会竞争愈加激烈，人们承受的工作和生活压力随之增加，为了谋求更加稳定富足的生活，为了改变现状，为了车、房和绿卡……这些都是造成婚姻速配的心理动因。

"闪婚"后为了避免"闪离"，可以采取以下建议：

首先，在闪婚之前双方要深入沟通至少两次。沟通的内容一定与婚后的生活习惯及经济方面有关。

婚姻幸福与否跟生活习惯及经济因素是息息相关的。这里所说的沟通内容不是一些诸如婚后谁洗碗、谁掌握财政大权等细节话题，而是和对方说清楚自己一些生活习惯及财政方面的观念，让对方明确了解到你的所思所想。即便闪婚后可能出现一些偏差，但有了这些心理准备，冲突自然便会少一些。

其次，立下一些必要的规章制度。这个不仅关系到婚后的婚姻幸福与稳定，更关系到个人的尊严及家庭地位。如果男方是大男子主义，你也没必要在这方面感觉到委屈。家是两个人的，你在家务活这方面做得多，他在其他方面付出得多，这样也算是一种平衡。

"闪婚"之后的婚姻生活里肯定会遇到很多需要磨合的地方，即便是那些已经相处一年以上的情侣结婚，也一样会需要一段时间的磨合。而这个磨合阶段，至少要一年以上，甚至更久。毕竟完全陌生的两个人，从不同的家庭环境里结合到一起，又要生活一辈子，这不仅仅需要智慧，包容和忍耐也是必不可少的。

最后，当"闪婚"者激情过后进入平淡的婚姻期时，应该继续培养感情，不要因为感情减少了就对婚姻产生怀疑。"闪婚"的前途要靠两个人精心经营。想要婚姻长久地幸福下去，不一定非要经历爱情长跑，在正确的时间遇上正确的人，无论"闪婚"与否，都将是一出人生喜剧。

六、有些人为什么失恋后就不敢再沾染爱情

没有为爱痛过，就一定没有真爱过。人只有失恋过才能明白，失恋不过是给真爱让路。失恋不是坏事，而是另一段幸福的开始。

没必要失恋了就不敢再爱了，所谓的"一朝被蛇咬十年怕井绳"在爱情

里是不适用的。农夫有道理怕蛇，因为被咬了是致命的，但你没有道理怕爱情，因为失恋了是可以重新再来的。所以大胆去爱吧，就像没有受过伤害一样。

李苏有一段六年的感情经历，和所有人一样，在分手时她问过为什么，可是得到的答案仅仅是"我们不合适"。她觉得这 6 年的感情倾注了她所有的心血和激情，当这份感情走到尽头时，她已经失去了爱一个人的能力。

李苏剪短了留了多年的及腰长发，希望自己也能像斩断青丝一样斩断情丝，但是失恋的痛苦并不是说放下就能放下的。即使时隔多年，提起谈恋爱，李苏的态度依然是回避的。

有人问过她，为什么那么多好机会都错过了呢？是心里放不下当年的那个人吗？李苏说："不是的，该放下的早就不执着了。但是我是真的不想再谈恋爱了。谈恋爱就会有失恋的风险，那种痛苦我不想再尝试第二次。"

心理解读

失恋后不敢谈恋爱的人大部分都存在心理上的缺陷，至少可以说他们的心理承受能力还有待提升。他们在遭受恋爱挫折的那一刻，就已经开始给自己找逃避恋爱的借口。这种失恋后就不敢再谈恋爱的心理大体上是由以下 3 种心理原因造成的：

1. 自卑心理

人们在建立一段亲密关系时，同时也是自我价值的证明，即"我值得被爱"，而如果亲密关系瓦解，便是"我不被爱"，更引申出"我不值得被爱"，这些都会造成自体瓦解感。这种心理如果不加调试就会产生一种自卑的心理，在自卑心理的误导下，即使真爱到来也会被自己躲掉。

2. 失望心理

许多在恋爱中受过伤的女人便会认为天底下的男人没有一个是好人，受过伤的男人也会感叹女人的心是如此善变。这种由于单一的人和物而对所有的事情做出结论的思维方式是片面的，也是不可取的。

3. 恐惧心理

许多失恋后不敢再谈恋爱的人其实是对恋爱中的困难、痛苦、失败产生了恐惧心理，害怕如果再次恋爱仍然要分手、仍然要受到伤害、仍然要经受煎熬怎么办。

心理自愈

如果你存在失恋后的"恋爱恐惧症"，可以尝试采纳以下4点建议：

1. 敢于面对失恋的现实

所有的失恋者都有一种难以摆脱的情结，即自己的终身幸福没了。在这种情结的影响下，许多失恋者不敢面对失恋的现实与未来，结果陷入越痛苦越思念、越思念越痛苦的怪圈中不能自拔，从而导致心理疾病的产生。

对此，失恋者应勇敢地面对失恋的事实，坚强地承受失恋所带来的伤害。积极地转移注意力，避免让自己在回忆中生活。只有走出了上一段恋情的阴影，才能为下一段真正适合自己的恋爱做好心理准备。

2. 减轻心理压力，加强自我调控力

有意识地控制自己不安的情绪波动，积极参加体育锻炼，增加生理上的受挫力；克制因对方抛弃自己而产生的愤怒，反思对方抛弃自己的原因，分析自身的优劣势，将眼光放长远些；尤其要消除我得不到他（她）别人也别想得到他（她）的危险想法，以免酿成悲剧；努力保持心理的平衡，以自信、坚强的精神面貌积极投入到事业中去，这有助于失恋者及时走出心理的低谷期。

3. 树立自信心，重新规划生活与未来

恋爱就会有失恋的可能，失恋并不是因为你不够好，只是你们不合适而已。失恋后要客观认真地分析一下自己失恋的原因，这不但有利于转移注意

力，减轻痛苦，也有利于正确评价自己，进而帮助自己重新树立起自信心，更好地规划自己的生活与未来。

4．积极转移注意力

失恋者应积极面对失恋，转移注意力与情绪。例如，有意识地不去回忆过去，拿走或消除一些常常令人回忆起过去的物件，改变自身所在的生活环境；有条件的可以进行一段时间的外出旅行，借此消除痛苦与失落。

七、为什么在热恋中许多女人会变成"野蛮女友"

许多男生会由衷地感叹：女孩的心思很难猜，猜得不准大祸来！都说女人是水做的，为什么热恋中的女人就成了开水呢？是不是恋爱中的女生都很爱生气发脾气？是不是恋爱中的女生大多会变成"野蛮女友"呢？

24 岁的马薇薇目前在一家外贸公司上班，一年前她在一次同学聚会中认识了现在的男友，两人迅速谈起了恋爱。马薇薇说："我在同事们的眼里是出了名的好脾气，总是乐呵呵的，但是不知道为什么，自从与我男友开始谈恋爱，动不动就想对他发脾气。其实，我知道他也没有什么大错，有时候觉得他就应该让着我，宠着我。尤其是我心情不好的时候，一想起我的男朋友，就会反感他，越想越反感，总是想找碴儿冲他发火。幸亏我男朋友包容我，要不然他早不理我了。"

心理解读

心理学家认为，热恋中的男女，由于体内的激素水平趋于一致，男人会表现得像女人，女人会表现得像男人，热情奔放。

比如，她经常会无缘无故地大发脾气，既是向他"示威"，又是在考验他、给他设置障碍，看他是否能够忍让自己，是否真的在乎自己。因为焦虑心理，女性就会展现出对其男友才具有的"攻击性"，比如：

（1）争吵时喜欢使用激烈的方式；

（2）故意在公众场合跟男友吵架；

（3）常在拥挤、燥热等环境里大发雷霆；

（4）情不自禁就动手打人；

（5）为一点儿小事就发脾气；

（6）使用让男友讨厌的争吵方式。

其实，热恋中的女性变得如此"野蛮"是有原因的：

1. 恋爱女性的内心特别敏感，容易受到外界影响

女性是情感动物，她们在情感上是非常敏感的，同时也是脆弱的。当恋爱双方发生争执时，女性在情感上的脆弱就会表现为爱发脾气。有时，女性的这种易怒情绪也来自于一种不安全感和不自信。尤其是青春期的女孩，随着性心理的日趋成熟，对自身的性别角色和形体特征日益在意，是否苗条、漂亮，都是让她担忧和苦恼的事情。恋爱中的女性对更多事情产生焦虑，这也是她们爱生气的原因，同时这也是女性在情绪上不独立的表现。

2. 恋爱女性的作恶行为实际出于自我保护意识

女性的这一心理，实际上也是出于一种下意识的自我保护。通常她们会想如果在恋爱时对方都不让着她，那以后的日子还怎么过？所以，女孩子在恋爱中会有意无意地给男友设置一些障碍，看男友是否能忍让自己，要脾气只是其中的一种考验方式，当然也是最常用的一种方式。比如，在约会时自己故意迟到，主要看男友会有什么反应等。

3. 恋爱女性不适应有男人参与自己的私密生活

女性在成长过程中，习惯了自己一个人的世界，现在突然有一个陌生男人要硬闯进自己快乐的情感世界，当然会使女性在内心产生警惕，如果不是自己喜欢的或者是经过接触了解是可以值得信赖的男人，怎么可以轻易放他进来呢？于是，就会用各种方式来阻止他的加入，用各种方式来考验他的人品，慢慢适应自己的生活中有另一个人的身影。

4. 恋爱女性会拿对方跟自己理想中的男友进行比较

由于女性对周围的人或事甚为敏感，尤其在恋爱中她会不断地将自己男友和他人作一比较。然而，一个男人再优秀也不可能是完美的，她们用男友

的缺点去和别人的优点比较，于是就会产生许多不合理的心理落差，失望的情绪也是发脾气的原因之一。

5. 恋爱女性乱发脾气有时就是生理特点的表现

有些时候，女性发脾气也是因为其特有的生理原因。尤其是到了每月的那几天，内分泌平衡失调，身体虚弱，抵抗力较差，这时女性大多会表现为暴躁、易怒，这些都是可以理解的。作为男友更应在这一时间段内体贴、呵护女友，不要过分刺激女友。

6. 恋爱女性对待男人的态度会随着心情而变化

当一名女性完全处于一种工作状态时，她们不可能或很少表现出任性或不讲理。而一旦在和男人交往时需要动用的是她的性别角色而非社会角色时，女性在很多时候就会表现出令男人无法揣摩的任性。女性总担心自己的价值得不到对方的承认，这样往往会造成心理焦虑，表现出来的就是多疑、爱发火。

八、"小萝莉"怎么会爱上"大叔"

"女神，女神你在哪里？""男神，男神你等我慢慢长大！"现如今这段对话已经是许多"小萝莉"和"大叔"恋爱的真实写照。"小萝莉"们渴望的双份"冰激凌"的爱，既有草莓般的酸甜，又有巧克力般的浓郁。这样的感情中既有爱也有依赖，而爱的 3 个要素——激情、分享和承诺，似乎只有年长的男人才能真正给予，这也许就是许多小"萝莉"爱上"大叔"的原因。

小年是广州某高校大二的学生，因为身高样貌优势，入校不久就被校模特队招了进去，同时自己也会接一些走秀或者庆典礼仪的兼职，赚些零花钱。

小年和阿伦是在一次车模选秀上认识的，小年说："其实当天有很多男模，也有很多其他的男性工作人员，在这里面，阿伦不算最帅的，但不知道为什么，只是对他有感觉，可能因为他喷了我最爱的 POLO 男士香水吧！"小年加了阿伦的微信，两个人迅速火热起来。

"很多人都觉得我跟阿伦在一起，是因为钱。但实际上，根本就不是这么回事。其实校内外都有很多男孩追我的，也有富二代什么的，但不知道为什么，我对同龄的男生一点儿感觉都没有。而且，好像在自己的脑海中梦中情人的样子，就应该是像阿伦这样风华正茂的中年'大叔'，从来没想过自己跟一个同龄男孩谈恋爱。自己有这样的感觉可能跟自己恋父有关系，因为爸爸对自己很好，所以总想找一个像自己老爸那样爱自己的男人。"小年说。

小年说，自己不在乎别人怎么看自己和阿伦的感情，因为她相信，爱情是不分年龄、身高和距离的。她坚信阿伦很爱自己，因为他总是能够包容她的小任性和小脾气，并且自己如果想要一个人待着，阿伦也会尊重自己，不像很多同龄小男孩那样非要缠着自己。更重要的是，阿伦总是能在工作和学习中指导小年如何做得更好。"和他在一起，我感觉自己成长很快，我们两个也都很开心。"小年说道。

> 在真爱面前，
> 年龄不是问题。

目前，小年和阿伦交往了已有半年，小年自述，两个人的感情很好。说到对未来的打算，小年说等到自己一毕业就准备嫁给阿伦，而她的爸爸妈妈也非常开明，支持她自己所做的决定。

心理解读

爱情总是值得被祝福的，无论双方的年龄、身份、身高有多么悬殊。但当大叔控成为"流行文化"，就不仅是个人问题了。

首先并不是所有"大叔"都受"小萝莉"喜爱，"小萝莉"喜欢的"大叔"大多具备以下特征：

年龄特征：通常指 30～50 岁之间的男人，当然也不完全限定在这个范围之内，有成熟气息。

外形特征：有胡子等标志性附件。可以帅气、有型，也可以外貌平平，但举手投足都散发成熟男性的魅力，举止稳重不浮躁。

性格特征：性格不一而论，但一般都有内涵丰富、洞悉世情、稳重踏实、能体贴包容、敢担当责任等特点。大叔重在有"内涵"，不同于少年的幼稚，他们往往会在别人孤独无助的时候，充当"明灯""安慰者"的角色。

能力特征：早已步入社会，经验阅历自然丰富。更懂得女人心思，对女人更能表现得温柔体贴。各方面处事能力都强，人际关系广，不乏社会各行业的中流砥柱，一般都事业初成，或者已有稳定的生活和经济来源，部分"大叔"甚至已积累了丰厚的经济基础。

那么，为什么有那么多"小萝莉"会喜欢"大叔"呢？可能有以下5种心理：

1．童年阴影，父爱缺失

父亲是女孩子的第一个异性伙伴和参照对象，缺少父亲保护和关爱的女孩容易没有安全感。她们往往会在自己能够做主的未来人生中，不断去修补这块阴影，希望自己能一直处在"被保护"的"女儿"的角色中。

2．父女情深，过度崇拜

精神分析学派的创始人弗洛伊德，曾定义了一种"厄特克拉特情结"，又称为"恋父情结"，这可能是"大叔控"的根源之一。

3．追求完美，崇尚"英雄"

"大叔"可能在经济能力、性能力、生存能力等各方面都会是女性眼中的"英雄式人物"，他们几乎无所不能，无所不知，富有责任感，能给女性带来更加完整的保护。从这方面来看，除非是含着金汤匙长大，否则在财力、能力和社会影响力上，年轻人确实无法和"大叔"挑战。

4．情伤难愈，寻找安全感

人在脆弱的时候会失去判断力。陷入与同龄异性之间发生的失恋或者情伤事件的女孩子，会恐惧再去爱上同龄人，她们会认为"大叔"对待感情更沉稳，更懂得怜香惜玉，也更有安全感。

5．受影视剧爱情模式（尤其韩剧）影响

偶像剧中的"大叔"向来颇为吸引人。比如，韩剧《对不起，我爱你》《巴黎恋人》等的男主角，其特点都是稳重、体贴、多金、痴情……作为偶像剧最大受众的女性观众尤其是青年女性观众，容易被夸张的剧情激发"完美爱情之梦"，成为"大叔控"。

并不是年纪大的优秀男性都值得托付终身，在爱上"大叔"之前，也要

做好一定的心理准备：

做"大叔控"之前，还是应该明白和"大叔"的爱情陷阱可能比和同龄异性谈恋爱时更多。"大叔"通常都相当理性，如果他本身就是个花花公子，"小萝莉"绝对不是对手；如果他是没有恋爱经历的大龄青年，也许他事业心太重，也许心态上存在异常，这种男人充其量只能算是"伪大叔"。最可怕的是，处于结婚压力中的大叔，还可能只是把女性当成指定任务中的"结婚对象"，全无"真爱"可言。

生活不是"有情饮水饱"，两个完全成长在不同的时代环境和生活环境中的人要面对彼此的思维方式、价值观上的巨大差别，久而久之，一切不和谐就如礁石一般浮出水面。与此同时，两人还要共同面对最为现实的婚姻烦恼。这些因素都要在选择"大叔"之前考虑清楚。另外，还要做好陪着"大叔"慢慢变老的心理准备。

九、有些男人为什么会喜欢"姐弟恋"

繁华的都市，忙碌的生活，浮躁的情绪，谁不渴望一个温暖的怀抱？也许是厌倦了小女生的任性、娇嗔，也许是需要一个宁静的港湾让自己休息，如今很多男人会选择比自己年龄大的女人谈恋爱。姐姐型的恋人更懂得包容、体贴，更兼独立、坚强、成熟，也许这就是许多男人喜欢姐弟恋的原因。

刘芳今年 30 岁，是一名外企的高管。她是一个成熟稳重的知性女人，而她的男朋友却是一个百变可爱的小男人。无论刘芳有多么不开心，他都有能力让她在两分钟之内笑得忘乎所以。就这样，他们在认识了五个月零七天之后就结婚了，刘芳比他大 3 岁，正好是一个可以"抱金砖"的年龄差。

可是，婚姻真的不是爱情简单的延续。慢慢地，他展现给刘芳的并不仅是他可爱搞笑的一面，正如刘芳也没有他想象中的那么会照顾人一样，这使双方之间都出现了极为明显的心理落差。

刘芳抱怨他每天不停地玩游戏，抱怨他不知道帮忙操持一点点家务，甚至还抱怨他只是爱看小朋友的卡通片。在最开始的一两年，刘芳愿意带他去参加公司的一些活动，因为那个时候他愿意穿着刘芳给他搭配好的衣服，因为那个时候刘芳还算年轻。

可是，所有的人都知道，女人只要上了 30 岁，衰老的速度常常是让人无法想象的。但是她的丈夫却依然我行我素地穿着他自己爱穿的花花绿绿的衣裳。有时候刘芳会窘得无地自容，她觉得她和她的丈夫站在一起就像一对母子。

心理解读

"姐弟恋"作为一种社会现象，通常以 20 多岁的男性和 30 多岁的女性的组合比较多见，这种现象与传统意识中的婚恋观反差非常大。综合来讲，男人喜欢"姐弟恋"可能有以下两种原因：

1. 男人需要安全感

多数男人有恋母情结，而姐姐们对年轻恋人会更体贴温柔，和姐姐型的女友在一起更有安全感。男人在很多时候需要的也是温暖的港湾，所以尽管男人怀抱着女人，却是女人的体温温暖了男人。心里感觉踏实，是许多男人喜欢"姐弟恋"的理由。

2. 男人需要女人中肯的意见

谈"姐弟恋"的女人一般不会很守旧，勇于挑战、思想活跃、有活力是她们的优点。和她们生活能受其感染，热爱生活，有益身心健康。恋爱也是相互学习的过程，从姐姐型的女友身上，一般的男人都能受益匪浅。而且当面临选择的时候，姐姐型的女人阅历较深，能够改变男人左右为难的窘迫。

心理自愈

热恋的时候，要看清楚两人性格是否互补。如果双方都是同一类人，以后冲突的次数比较多。如果是以结婚为前提的恋爱，就要考虑对方是否有财富上的目的。

如果男方追求"姐弟恋"是功利性的，情感将会发生很大的转变。因此，"姐弟恋"存在着很大的不确定性和风险。如果只是处在恋爱阶段，也无可厚非，一旦涉及婚姻，在面对婚姻责任和将要承担更多社会责任的时候，一定要多方面考虑。

其实姐弟恋并非坏事，但是如果一方管得太多，另一方依赖太多，很可能会演变成"母子情深"。当问题出现时，解决问题的最好方法不是女方完全放手，让男方一夜成人，而是需要双方共同的改变和配合。这些改变也是需要时间的，期间女方应该给予男方更多的宽容和鼓励。

十、厚脸皮的男人为什么会比较受欢迎

同样搁置了一个月，橙子开始皱皮而苹果却已经腐烂了，所以说脸皮厚对人生的意义非常重大。在感情的世界也是一样，自尊心强的人总是放不开，反而脸皮厚的人"桃花运"特别旺。

其实脸皮厚也是一种美德，它可以理解为锲而不舍的精神，屡败屡战的勇气和对爱情的执着与坚持。

卢晓东是一个很普通的男孩子，没有优秀的外表和出色的条件，可他却追到了公司里才貌双全的莉莉。问起他的恋爱"诀窍"，卢晓东腼腆一笑："追女性就要百折不挠、刀枪不入，脸皮厚点就是了。"

原来卢晓东在开始喜欢上莉莉之后，三番五次地去表白。莉莉是有名的"高冷范"，对卢晓东的表白根本不屑一顾。可是无论她怎么拒绝，都改变不了卢晓东对她的态度。一个月过去了，半年过去了，一年过去了，卢晓东的热情没有丝毫的减少。慢慢地，莉莉看到了卢晓东的真心，被他的认真和执着所打动，同意做他的女朋友。

心理解读

不少人都有着这么一种印象："薄脸皮男人"虽然人品很好，但性格憨实木讷，不善言辞，"情商"太低，所以不受女性欢迎；而"厚脸皮男人"性格活泼、能说会道，"情商"很高，他们比"薄脸皮男人"更懂得揣摩和理解女性的心理，更善于和女性沟通交流，更擅长制造与女性相处时的浪漫气氛；在第一次甚至第 N 次被拒绝之后也不会像脸皮薄的男性那样"通情达理"、知难而退，而是死缠烂打、软磨硬泡，直到把女方"攻陷"为止。

水滴石穿，铁杵磨成针，这都说明了恒心的巨大力量，男性在追求女性时这样的真理尤其适用。厚脸皮就是认准了一件事不在乎旁人的看法，不放弃地努力。就好像一场战争，默默地守在阵地，只要一有机会就进攻，通常效果喜人。事实证明，女性很难抗拒这样的男性。

当女性在没有极其反感的前提下，拒绝一名男性之后总会产生一种愧疚的心理，这种心理会使她自然地回忆起此人的优点，想着如果时间倒流她可能就会接受了。如此看来，如果男性在追求一次失败之后就彻底放弃，这将会是相当遗憾的。

十一、新相亲时代，如何把握你生命中的"Mr.Right or Mrs.Right"

有句话说得好："不相亲，怎能相爱？"在这个相亲的时代，那么多真爱都是在相亲中相遇的。找到对的人，你就能经历从相遇到相识，从相识到相知，从相知到相爱，再从相爱到相许的过程。

有人说年轻时没有抽出时间谈恋爱，以后就要抽出时间相亲。梁慧便是如此，最近她被母亲催着去相了几次亲，整个人都焦虑。

"我现在觉得很茫然，也感到很自卑，我的内心是崩溃的，为什么我相亲总是失败？是我的条件不够好，别人不喜欢我吗？还是相亲根本就是一种错误的方法？又或者是我在相亲的过程中做得有什么不对的地方，犯了什么忌讳？怎么相亲比选衣服还难，真是一场相逢一场空啊！我现在很着急，甚至有些绝望，很害怕会这样孤独终老。"梁慧焦虑地说。

心理解读

相亲犹如面试，也要讲求一定的方法。所以，在努力让自己成为可爱的人的同时，还需适当提高自己的"相亲能力"。以下是 3 点建议：

1. 相亲频率并不是越高越好

过密地相亲，可能会带来 3 个方面的负面影响：

① 你有可能因此产生挫败感，对相亲失去信心，甚至产生抗拒的心理；

② 你也有可能变得过于油滑，在相亲的过程中不假思索地说些套话，让人感到不够真诚；

③ 你还会感到疲惫不堪，满面倦容的你看起来缺乏吸引力。

这些都会降低你相亲的成功率。所以，根据自己的需求初步筛选相亲的对象，合理安排相亲时间，是非常重要的一个环节。

2. 一见钟情是小概率事件

相亲时，第一印象往往与实际情况有所出入。在相亲时，我们遇到的大部分人都是"不痛不痒"，他们身上存有一些我们欣赏的品质，但另一些方面却与我们的设想格格不入。这种时候，不要因为"没感觉"而轻易地否定一个人。我们总会用足够多的时间去了解同事或者朋友，却试图在短短几十分钟内判断一个相亲对象，这样做会让我们丢失缘分。

如果对方没有重大的原则性问题，不妨多给彼此一些机会。如果是女方，也别太被动，确实觉得对方人还不错，也不妨主动与对方多联系。如今通信发达，可以多在对方的朋友圈或者微博中留言，这样做不仅不会显得太刻意，还可以为彼此寻找共同话题。

3. 做一些给自己加分的事

比如，精心打扮自己，说话得体，展现自身的优点，表现出自己的真诚和谦逊。但是加分要有度，对于你自身的情况与条件，要坦诚相告，对于你本身的性格和喜好，也要自然地表露。否则，收获的只会是不属于自己的，或者不适合自己的人，这样的感情迟早会以失败收场。

当然，相亲只是知遇恋人的一种方式。其他的交友方式和社交场合也可以多加尝试。比如，经常和朋友一起出去游玩，参加兴趣爱好小组或者社区活动，从而拓宽自己的生活边界。这样做不仅能认识更多的人，还能够开阔你的视野，调整你的心境，让你处于一种积极、活跃、开放的状态之中，变得更加有魅力，更容易遇到好的缘分。

无论到什么时候，都不要丧失两样东西——对自己的信心和对人生的希望。爱情是复杂难明的，缘分可遇不可求，我们需要摆正姿态，尽自己最大的努力。不要绝望，爱情是一样美好的事物，只要怀揣着美好的愿望，就会等到对的人。

习惯形成性格，性格决定命运。性格不是天生的，性格是培养出来的。所以想要你的命运出现转机，就要养成良好的性格。想要塑造良好的性格，就要注意平时的习惯。有意识地改变你认为不够积极的态度和不够良好的行为方式，在形成习惯后，你的性格就会变得越来越好了。

第十章

性格是命运的"调剂师"
——性格心理学

一、为什么别人无心的话语，自己却一直耿耿于怀

所谓"说者无意，听者有心"，不知何时，你发现自己拥有了一颗易碎的"玻璃心"。别人无心的一句话就会让你心头一痛，进而留下挥之不去的阴影。是什么原因让你如此敏感、如此脆弱呢？在很大程度上是由于你的性格。

马上就要到月底了，尽管很努力，但是赵晓莹还是没有完成老板给她规定的销售任务，于是她下定决心，最后几天一定要抓紧时间完成。可是同事小文的一句话却让她很受打击。

原来当赵晓莹信誓旦旦地对小文说："我就是不吃饭了也要赶在最后期限之前把任务完成"时，小文随口说了一句："你确定？"这句话可惹恼了赵晓莹。她当即翻脸道："你什么意思啊？你是怀疑我的工作态度还是工作能力？你知不知道你这么说话对我来说是多么大的伤害啊！"

听到赵晓莹的话，小文马上就道歉了，可是赵晓莹还是生了好久的气。但是转眼一想：其实小文也不是故意的，自己怎么就这么敏感呢？

心理解读

脆弱敏感的性格很容易使人内心痛苦，并时常产生一种被伤害的感觉。这种性格的人容易受到外界的刺激，经常表现为对别人无心的话念念不忘。他们并不一定就是安静或孤僻的，但是他们的注意力集中在自己的想法中。他们重视主观世界、好沉思、善内省，可能缺乏自信，较难适应环境的变化。

这种性格的形成和成长经历、生活环境都有关系，最好的解决办法就是提高自信心，开阔胸襟，锻炼自己的抗挫折能力。

心理自愈

如何摆脱这种性格，使自己的内心变得强大呢？可以尝试以下 5 种方法：

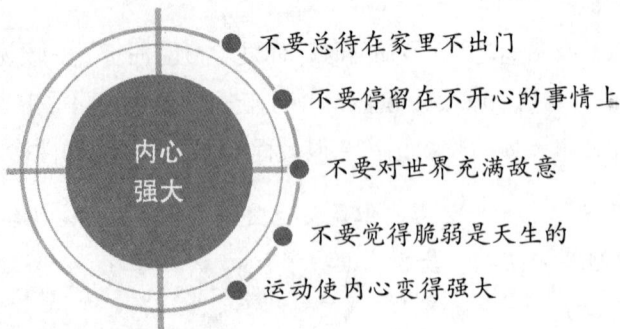

- 内心强大
  - 不要总待在家里不出门
  - 不要停留在不开心的事情上
  - 不要对世界充满敌意
  - 不要觉得脆弱是天生的
  - 运动使内心变得强大

1. 不要总待在家里不出门

"我害怕受到伤害，所以非必要场合就不出席，在家里待着最安全"，这样的想法是不利于身心健康的。多出去参加一些社交活动，调整心情、心态，改变思维方式，尝试着慢慢地多与别人沟通和交流，是摆脱敏感脆弱性格的好方法之一。

2. 不要停留在不开心的事情上

人和人相处的过程中总会有很多自己不能容忍的事情，一时的不开心是难免的，可是切记不可把一些不开心的事情耿耿于怀。当你对此念念不忘而不开心的时候，别人早就不记得发生过什么事情了。世界因为不完美而完美，人也是一样的。适当地包容别人，才会得到更多的快乐。

3. 不要对世界充满敌意

每个人都有被人伤害的时候，而我们自己也有不小心伤害到别人的时候。不要说自己从来没有伤害过任何人，其实我们常常意识不到自己什么地方伤害到了别人，正如别人也常常不会意识到伤害到了你。不要对世界充满敌意，接纳包容别人的错误，别人也会接纳包容你的错误。

4. 不要觉得脆弱是天生的

没有天生的性格脆弱，只有后天缺乏自我认识。经常问自己为什么会脆弱？因为胆小？那么为什么会胆小？因为害怕？害怕什么？逃避的是什么？

总会有原因的，即使真是天生的脆弱也是可以改变的，在于自己怎么去找出自身脆弱的原因，找到原因，问题就解决了。

5. 运动使内心变得强大

研究发现，脆弱、懦弱、内向等性格都是可以通过运动来改变的。长期坚持运动可以磨炼意志，使身体和内心产生免疫力，看问题的方式和眼界也会有所改变。尤其是长跑、长距离游泳等考验耐力的运动，更是使内心变得强大的法宝。

二、有些人为什么不管做什么事都要事先为自己"找借口"

在现实生活中，困难天天有，遇到困难我们首先要做的就是以"解决问题"的心态面对挑战，而不是以"找借口"的方式逃避责任。责任是一种担当，是能做好就一定做好，做不好就敢于承担后果的魄力。创造胜利是一种勇气，面对失败同样是一种勇气。一个有责任心的人是不惧怕勇敢向前，也不害怕跌倒栽跟头的。

王冰默默地看着自己手中的小组工作计划书中自己那一部分任务，心中犯了难：这么多工作，自己什么时候能做完呢？现在的自己并不在状态，到了规定时间做不完怎么办？王冰内心不想面对。"如果到时候做不完的话，我就对他们说我生病了。"王冰暗暗对自己说。

心理解读

遇到困难，先"找借口"，这是一种逃避责任的表现。而一听到"责任"就逃之夭夭的人也为数不少。他们是还没有长大的孩子吗？不是，他们只是对承担责任有一种恐惧感，对自己的能力还不够自信。

人们在逃避指责时，经常会含糊其词，或者故意隐瞒关键问题，或者干脆靠撒谎来逃脱批评与惩罚。比如说，工作拖拉的人多半不会轻易承认："我的报告交得迟是因为我不喜欢干烦人的工作；我才不在乎我的延误会不会对别人造成影响呢；我偷懒的时候，从来是只图自己舒服的。"相反，他们常常会说："我家里出了一些事情。"或是其他一些夸大其词的谎言。

编造借口可以博取同情，一旦赢得了同情，那些"找借口"的人就能免受惩罚并因此自鸣得意。但是，随着编造借口逐渐习惯成自然，撒谎的技巧渐趋熟练，时间长了就会积习难改。养成为逃避公正的惩罚而撒谎的习惯，等于做出了一个危险的选择。踏上这条不归路，你就很难再有其他的选择了。

心理自愈

想要改掉"找借口"的习惯，勇于承担责任，可以尝试以下两点建议：

1. 改变你的想法

很多害怕承担责任的人都以为可以用逃避来保留自己的自由，这实际上是误区。如果我们对发生在自己身上的事、对自己所受到的限制或所处的困境都不负责任，那么其他人就要替我们负起责任，而我们将对这些人产生绝对的依赖。

2. 勇敢面对你的恐惧

敢于承担责任就要敢于承认错误，承担自己行为的后果。如果对一个问题考虑过多，我们就会感到烦恼并陷入困惑。与其固执地认为"我不能承担责任"，我们似乎更应该问问自己："我到底在怕什么？我在什么时候对负责任感到特别困难？"想清楚以后，再集中精力克服这种心理。

三、为什么有些人不承认自己犯的错，还常常把错误合理化

犯了错误就要承担，想方设法把错误合理化本质上就是自欺欺人。很多时候，责任比能力更重要。不承认自己犯下的错，就是拒绝吸取教训，这样永远不会进步。做人做事，可以为成功找方法，但不能为错误"找借口"。

梁月来公司两个月了，还时刻把自己当作新人，觉得其他同事照顾自己都是应该的。仗着自己初来乍到，什么事情都拿自己是新人当挡箭牌。一次她做错事被发现了，别人刚一批评，她马上开始"找借口"，最后还不忘加上一条理由："我是新来的，所以不懂这些规矩。"

一次、两次，她犯了错后推说自己没经验大家都可以理解，但后来她一遇到问题就把自己的责任推得干干净净的做法很快就引起了大家的反感。

心理解读

在现实生活中，我们无论做什么事情都要有一个负责任的态度。有了责任感别人才会信任你，你才有可能取得成功。不愿承担责任，不愿面对现实是对自己的不诚实，也是对他人的不负责。在现实中，责任心是衡量一个人成熟与否的重要标准。责任心也是一种习惯性行为，是一种很重要的素质。

东西被盗的原因找到了，都怪它值班不负责！

值班

一个有了责任感的人才有明确的人生目标，有对自己、家庭、社会勇于负责的精神，有承担责任和履行义务的自觉态度。当代人最缺乏的就是责任心，而责任心又是一个人能否立足社会、成就事业最基本的人格品质。在某种程度上讲，责任心有多大，我们的人生舞台就有多大。

心理自愈

想要培养自己的责任感，可以尝试以下 3 种方法：

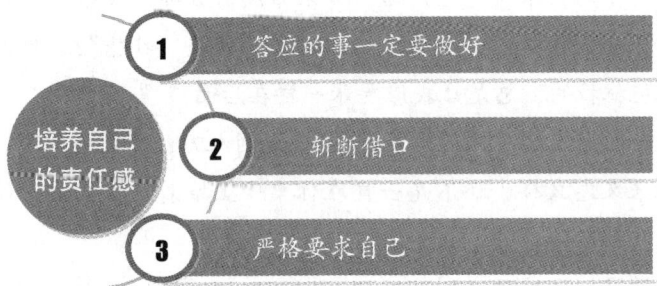

培养自己的责任感

1 答应的事一定要做好

2 斩断借口

3 严格要求自己

1．答应的事一定要做好

既然选择承担，就要把责任履行到底，无论过程中出现什么状况都不要逃避。人就是在一次次承担中成长起来的。如果你能够连续地、独立地完成几项任务，你就会对自己树立起信心，也就不会再害怕自己犯错误了。

2．斩断借口

做错了事情，别给自己找借口。当你找借口的那一瞬间，你就拒绝了承担责任。做错事并不可怕，可怕的是不能从中吸取经验，以后再犯相同的错误。学会客观地看待自己的错误，多从自己身上找原因。

3．严格要求自己

总是为自己的错误找借口的一个重要原因就是对自己的要求不高，喜欢得过且过。一个人为自己找借口之前总是先要有一个说服自己的过程，告诉自己"这件事失败了不怪我"。当你产生这种念头时，马上打住，同时对自己说"这是我的错，我会想办法弥补"。这样即使你犯了错误，别人也会看到你想办法挽回的诚意，才会原谅你，给你补救的机会。

四、那些指责别人抠门儿的人，为什么他更抠门儿

"他太抠门儿了""那家伙性格太差"……你的身边是不是也有这种经常指责别人缺点的人？认真想一下，也许你会发现，指责别人的人本身其实更抠门儿、性格更不好。

那么为什么会发生这种情况呢？

何茜是某公司销售部的经理，平时工作起来总是喜欢拖延，效率不高。可是她对部下的要求却十分严格。如果谁没有如期上交报表，她都会反复催促，有时还会提出批评。有一天她向自己的朋友"吐槽"："我们部门那几个人办事拖拖拉拉的，总是让我像要账一样在后面催。"

了解她的朋友忍不住笑出声说："还说别人呢，你最拖拉了。人家早早把报表交上来又怎么样，还不是一样在你桌子上堆着。你勤快，你倒是快点儿审核啊！"

何茜听了，顿时哑口无言。

心理解读

在心理学上，这被称为防御机制中的"投影"。当人不愿意承认自身的某些缺点时，就会把这些缺点强加到别人身上，进而指责他人。用这种方法保护自己，减少罪恶感或焦虑，维护个人的价值和自我尊严。这就是所谓的"以己之心，度人之腹。"

不善于整理的上司，总是批评部下整理不好；当迟到的惯犯发现别人迟到的时候，就会非常严厉地批评那个人。通过批评别人，自己平日积累在心中的罪恶感就会相对被冲淡一些，从而感觉自己是一个"善人"。"投影"在防御机制中也是一种不成熟的心理反应。

你眼中别人什么样，很可能你自己就是这样。正所谓"仁者见仁，智者见智"。如果一个人经常疑心别人打他小报告，我们就可以推断出此人心里有鬼，而且很可能他就是个背地里打小报告的人。如果一个人总觉得别人在骗他，别人心怀不轨、居心不良，我们就可以推断出他是个心地阴暗、撒谎骗人的人。如果一个人看到的别人都是好人，什么事都往好处想，那他就是个好心、乐观、善良的人。

每个人的生活都是一个小世界，我们很难了解其他人的世界里发生了什么，所以我们对别人的表现不要过于敏感。人与人之间很多误解都是因为投影效应。其实你的很多想象都是没有根据的，对于别人，当没有足够的证据时，我们还是不要轻易下判断为好。

当然我们也不能否认，有时候的投影是正确的，因为人性有相同之处，有些事情不同的人的确会产生相同的感受。但是人和人也有不同，正所谓"性相近，习相远"。如果任何时候都拿自己的感受去揣度别人，主观地想象别人，是会经常犯错，这样也会给自己带来很多无谓的烦恼。

心理自愈

当你感觉"我绝对不能容忍他的那个缺点"的时候，不妨先冷静下来审视一下自己，看看自己身上有没有和他同样的缺点，检查一下自己对他的指责是不是一种投影。如果是的话，那就要好好反省自己，首先改掉自己身上的问题。

五、为什么有的人只有借着酒劲才能说出话来

所有酒后说出来的话，基本都是潜意识的真情流露。有的人平时沉默寡言，但是每逢喝醉就会滔滔不绝。所以，不要轻易喝醉，也许你会在不清醒的状态下说出清醒后后悔的话。

李浩岩是一个沉默寡言的人，平时很少与人沟通感情，同事们都以为他本性就是如此。一次集体聚餐时，李浩岩不慎多喝了几杯，马上像变了一个人一样。他不停地拉着人说自己在大学时有多优秀，担任过哪些职务，得过哪些奖，但是现在却没有机会施展自己的才华和能力……

同事们听了都非常尴尬，但是李浩岩还是不停地说。事后李浩岩也觉得自己实在是太失态，在同事们面前的话就更少了。

心理解读

其实在生理上酒后吐真言，是发生在饮酒者的亢奋期，即急性乙醇中毒的兴奋期。其判断标准如下：

轻度兴奋时，其吐的真言是故意数落、谩骂、攻击平常敢怒不敢言的人或事，抑或是做出一些早就想做，平时却不敢做的事情。此时，不但此人对自己的言行是知晓的，而且还会比平时的思维更加活跃。

中度及重度兴奋时，其吐的才是真实意义上的真言，是其平常控制、隐藏在内心中不敢说的真话。此时，其人已完全失去了对大脑的理性控制，只想一吐为快，毫无掩饰，酒醒后对酒醉时的言行也是毫不知晓的。

所以，酒后吐真言，其实是因为急性乙醇中毒麻醉大脑皮层中枢所致。比如，在喝多时，若感觉到轻度兴奋，你说的肯定是"假"真言；若喝得肢体不受控制时，大脑处于中度及重度兴奋中，此时你说的才是"真"真言。

另外，中国有一句古话叫作"酒壮怂人胆"。就是说很多人会在酒后做出平时不敢做的事情，说出平时不敢说的话。

西医认为喝酒的时候酒精首先作用于脑干网状体。由于网状体受到酒精的麻痹，致使大脑皮质的机能亢进，人就显得活跃，甚至由于兴奋而不能控制自己的语言和行动。所谓喝酒壮胆，就是酒精作用于人脑后出现的一种兴奋行为。

那些平日胆怯懦弱的人由于网状体受到酒精的麻痹，会做出平日敢想不敢做的事情，包括改变以往胆怯的作风，变得雷厉风行，义薄云天，让众人刮目相看。但也有可能因为酒性浓烈迅猛，致使气机上逆，充满于胸中，产生一时性肝胆气盛，做出让人很失望的事情。

心理自愈

俗话讲："酒品看人品"，为了避免自己酒后不受控制说出不该说的话，影响自己在他人心目中的形象，可以采纳以下建议：

第一，平时多找朋友沟通，不要什么事都埋在心里。如果平时的压力不大，心里没有积压的情绪需要倾诉，酒后也不会不受控制地乱讲话。

第二，心情烦闷的时候不要喝酒。如果有解决不了的烦恼，靠喝酒是解决不了的。喝醉只会让你的情绪失去控制，变得和平时判若两人，失去仪态。

第三，有重要的人在场，比如，有单位领导、不熟悉的同事或是重要的客户在场时要克制自己不要喝醉。因为一旦你的肢体行为不受控制，其后果是不能想象的。如果只是几个好朋友在场，偶尔醉一场无妨，但是要注意的是不要酗酒。

六、为什么有些人不管对什么事情都回答"是"

每个人都有自己的想法和经历，我们不能要求自己说的每一句话都会得到别人的认可和支持，当然也不必要求自己去同意他人的每一个观点。不分情况地随声附和是个性的缺失，是缺乏主见的表现。

董梦君是公司出了名的没主意人，不管谁说什么，她都觉得有道理。一次会议上，老板要求大家就公司即将出台的新政策展开讨论，可以各抒己见。同事们都很珍惜这次机会，积极主动地发表自己的意见和看法，只有董梦君在一旁静静地听着，始终没作声。

老板注意到了沉默的董梦君，于是问她有什么想法或是意见，董梦君摇摇头，说还没想好。老板接着又问她同意谁的看法。这次董梦君弱弱地说："我觉得他们说得都挺有道理的。"

听了她的话老板不禁一阵无语，同事们也不禁哈哈大笑。

心理解读

一个人成熟的标志就是拥有自己的想法和观点，遇到事情能够独立地作出判断，并为自己的言论负责。如果做什么事都人云亦云，对别人的观点不假思索地随声附和就是缺乏主见的表现。

缺乏主见可能是以下3种心理造成的：

1. 缺乏自信

认为别人比自己优秀，比自己有吸引力，比自己能干。不认为自己的观点是正确的，虽然有自己的想法但是害怕说出来被别人笑话，所以选择沉默。当别人提出意见时随口附和。

2. 从众心理

随大溜，同意哪种说法的人多就选择站在哪一边，跟着大家错不了，即使错了也有大家一起承担，不会注意或指责自己一个人。

3. 担心被抛弃

害怕被他人忽视，明知他人的错误也随声附和。宁愿放弃自己的兴趣、人生观，也要找到一座靠山，时刻得到别人的温情就心满意足了。这种处世方式使得他们越来越懒惰、脆弱，缺乏自主性和创造性。

心理自愈

如何培养自己的主见意识呢？可以参考以下4种建议：

1. 养成爱思考的习惯

许多人有人云亦云的习惯，就是因为没有自己的想法，遇到事情习惯性地听取别人的意见，没有自己独立思考的过程，此时最需要训练的就是判断力。当遇到一件事时，要练习思考各种可能发生的情况，并做出自己的判断。把自己的想法说出口，就是培养自己主见的第一步。

2．不要盲从

不要因为"一边倒"的局面就跟随，对于别人的观点要学会剖析，要找到支持这些观点的原因。

3．相信自己

大胆地做出自己的决定，不要因为自己是少数派就不敢坚持。只要是自己思考得出的结论，就要勇于发表自己的观点，要对自己有信心。

4．重建勇气

你可以选做一些略带冒险性的事，每周做一件，例如：独自一人到附近的风景点短途旅行；独自一人去参加一项娱乐活动或一周规定一天"自主日"。这一日不论发生什么事情，绝不依赖他人。通过做这些事情，可以增加你的勇气，改变你事事依赖他人的习惯。

当我们不了解这个社会时，总是惊觉理想与现实相差太远。一个人若到了 20 岁，面对理想与现实的差距还不纠结，可能是还没长大；一个人若到了 30 岁，面对现实与理想的差距还是纠结，可能是还没成熟。社会心理学，帮助你在二十几岁时在理想和现实的纠缠中找到平衡。

第十一章

理想与现实，两个不对等的世界——社会心理学

一、路见不平为什么没人"一声吼"

"路见不平，绕道而行"，面对很多不平之事，我们可能都做过冷漠的看客，把自己伪装成"高冷"的形象。然而"路见不平一声吼"有时并不是草莽的轻率，而是对正义的伸张，并不求被人铭记与赞赏，而这却闪耀着人性的光芒，无疑是令人尊敬的。

在一次访谈中，即将卸任阿里巴巴集团 CEO 的马云自曝他第一次上电视是在 1995 年。

那天他骑自行车去上班，看见马路边五六个大汉在抬窨井盖，似乎要偷去卖。马云想起几天前报纸报道过一个孩子掉进没有盖的窨井里淹死的事情，便起了制止这几个大汉的念头。但他又顾虑"五六个人我怎么打得过"，于是骑车跑出四五百米远去找帮手。不料没找到警察，也没有别的人愿意帮忙，绕了两圈，看他们还在抬，他实在忍不住了，便一脚踩地，一脚踩在自行车脚踏上，做好了随时逃跑的准备，然后一手指着那几个人喝道："你们给我抬回去！"

接下来发生的事情令马云始料未及，有记者突然冲出来对他做了一通采访。原来，这是当天杭州某电视台做的测试节目，通过模拟一个偷窨井盖的现场来测试路过的市民对这一行为的反应。

在这段 18 年前的视频中，其貌不扬、一头乱发的马云扶着自行车出镜了，他是当天唯一通过这个测试的路人。

心理解读

看客们的最大特点就是"绝不多管闲事"。这样的心理消解着社会的道德和爱心，让被围观者有足够的理由说服自己，做一个心里坦然的看客。

　　很多时候，多数人并不是漠不关心，而是不知道该怎么做，怕会招来事非。谁知道他这么嚣张的背后有什么背景？以暴制暴，先不说是否能够打得过别人，即使打得过，万一打重了，依照法律还要为过激行为负法律责任。权衡之下，谁会为几句赞美而去惹这个麻烦呢？所以综合利弊，很多人选择了沉默。

　　文化也好、道德也好、社会也好，无论把原因和责任归咎到哪种因素之上，每一个看客的冷漠都是不可回避的原因。

　　我们不能指望法律、制度等可以覆盖社会中的一切，在法律、制度管不到的地方，需要我们能自律。我们生活在同一个社会里，表面上看是每个人都有权利不管闲事，不站出来谴责不良、不法、不道德行为，只是这也为自己种下了恶果，相同的遭遇说不准也会在自己身上发生。用看客的心态换来的也是被别人旁观，这就是最大的悲哀。因此，"爱管闲事"与其说是在帮助别人，不如说也是在帮助自己。

二、别人对我好，为什么我会感觉很不自在

　　在现实生活中，有的人会觉得别人对他好是理所当然的，但也有的人在别人对他好时会感觉非常不自在，这种不自在通常表现为焦虑、愤怒、尴尬等，总之不是一种愉悦的满足感。

心理解读

　　为什么别人对自己好，自己却感觉不自在呢？

　　首先，这是一种自我保护的心理，因为有的人担心自己占了小便宜之后会吃大亏。这种心理是人类进化的产物，也就是说，很多人都会存在一种"天上不会掉馅饼"的认知，这样的认知会让人们躲开"诱饵"，以避免上当受骗。例如，一件原本价格很贵的商品突然变得很便宜，一些人就会不自觉地想这件商品很可能会有什么问题。又如，如果一个人突然送了一份大礼给你，你也许会下意识地想，他肯定是有什么企图。

　　其次，这种心理与自尊心有关。对于一些人来说，当别人向其表示关爱

和支持时，他会感到焦虑，这背后可能是其觉得自己无能，不值得被别人这样对待。别人对他好，会让其觉得自己已经成为别人的负担。

再次，别人对自己好的时候自己却感觉不自在，可能是因为担心别人对自己有所求。我有个同事，在这一点上表现得尤为明显，比如我请她吃一次饭，她都会浑身不自在，不停地问："有没有什么我可以为你做的？"即便我回答了"没有"，她仍会感觉过意不去。几天之后，我就发现她总会很巧妙地帮我做些事情，或者送我一些小礼物什么的。因为她在自己的潜意识里认为，我之所以对她好，一定是对她有什么期待，她如果不能满足我的这些期待，我们的关系很可能就会破裂。

在生活中，我们要能有效地区分异常的好和正常的好，婉拒异常的好，接受正常的好，其实这也是一种能力。对于每个人来说，固然不能认为别人对自己好都是理所应当的，但如果总是不能坦然面对别人给予自己的正常的好处，就很容易引起许多心理上的负担和人际关系的问题。对于别人向自己提供的正常的好处，可以自在地接受，并心怀感恩；而当自己有能力、有机会时适当地进行回报，这正是人之常情。

三、化妆也会"上瘾"，不化妆就不敢出门见人

你是否听过身边的女生说过这样的话："不化妆，绝对不会出门""不涂口红就好像没穿衣服""如果世界上没有了睫毛膏，女性就会失去继续活下去的勇气"。化妆对于这些女性来说，为什么会重要到如此地步？

和女友们约好吃饭，半小时之后安娜才姗姗来迟。原因是她下班晚了一些，回到家化妆之后才过来，时间就来不及了。"那就简单化一下嘛！"一向崇尚素颜的女友笑道。安娜却很严肃地说："那怎么可以？"

不但要化妆，而且一定要画得精致，这是安娜一贯坚持的理念。每次出门，哪怕只是到楼下超市去买块儿巧克力，她也一定会化上 1 个小时。安娜每天花在化妆上的时间绝对不会少于 3 个小时。

"无论睡得多晚，我都会定好闹铃提前 1 个小时起床。即便是出门倒个垃圾，路人们欣赏的目光也会让我开心一整天。"安娜这样说："偶尔素面朝天，我就会把头压得很低，不敢看人。"

心理解读

从心理学角度上看，那些经常感到自己不得不每天化妆的人往往是在内心将自己的外貌与自我价值之间简单地等同了起来。每当她们受到赞美和关注时，都会归因于"幸好我化了妆"。而对于素颜的感觉却很糟糕，也就会更加依赖化妆。所以，作为女人必须要想想自己化妆的目的究竟是修饰面容，还是满足被爱、被欣赏的内心渴望。

"不化妆就出不了门"有点儿类似于"咖啡上瘾症"——当我们在很长一段时间都对"化过妆后的自己"感觉良好时，那么一旦不这样做，就会对"真实的模样"感到怪异。就好像工作中有喝咖啡习惯的人，如果周末不喝咖啡就会感到疲惫和乏力。

还有一些女性，认为化妆是职场的基本礼貌。英国一位"顶尖"的个人形象、品牌资讯顾问莱斯利·埃弗雷特说过：化妆可以帮助女性攀爬职业阶梯，达到所谓的"办公室效应"。她认为在商界化妆的女性通常会获得好职位、升迁、加薪，看起来也更"专业"。

对于不化妆就不敢见人的女性来说，首先是在自己的心中假想了一个来自他人的挑剔目光，然后借助这个目光看到了一个糟糕至极的自己。当然，这并不是说所有喜爱化妆的人都是出于这样的心理。追求美、追求精致的生活对很多人来说正是心理健康的标志。区分健康与否的关键，在于化妆的动机是爱还是恐惧。

———

四、窗户破了，建筑物怎么就变成废墟

日常生活中也经常有这样的体会：桌上的财物，敞开的大门，可能使本无贪念的人心生贪念；对于违反公司程序或廉政规定的行为，如果有关领导没有进行严肃处理，没有引起人们的重视，类似行为就会再次甚至多次发生；

对于工作不讲求成本效益的行为，如果有关领导不以为意，下属的浪费行为就会日趋严重。

一件坏事如果没有被及时阻止，更多的人即使知道这样做不对也会争相效仿，为什么会出现这种心理呢？

"破窗相应"在我们生活中体现得最明显、最频繁的例子就是"过马路"了。即使没有等到人行道上的绿灯，只要有一个人先行违规过马路，其他的人就会马上跟上。

心理解读

"破窗效应"是关于环境对人们心理造成暗示性或诱导性影响的一种认识，是一种社会心理学效应，即指如果一座房子的窗户破了，但没有人去理会它，那么不久之后其他窗户也会被人打破。如果一个地方堆积了很多垃圾没有人去打扫的话，那么就会有更多的垃圾扔在那里。

"环境早就脏了，我扔的这点儿垃圾根本起不到关键性作用""反正也不是我先这么做的"，不少人会这样辩解道。其实这些说法根本站不住脚，错了就是错了，影响的大小并不能改变行为错误的本质，别人的错误更不会是证明你无错的理由。

勿以恶小而为之，规范自我，不要让"破窗效应"一再发生。其实人和环境之间是互动的，环境的好坏是人的行为的体现。现在许多人抱怨环境恶劣，可他们却很少反思自己的言行举止。不少人盯着社会的阴暗面，结果自己的心灵也变得狭隘和阴暗，不自觉地成为社会上的一扇"破窗"。

我们不仅不能做第 N 次打破窗户的人，我们还要努力做修复"第一扇窗户"的人。即使是当我们无法选择环境，甚至无力去改变环境时，我们还可以努力，那就是使自己不要成为一扇"破窗"。

另外，在管理实践中，管理者必须高度警觉那些看起来是个别的、轻微的，但触犯了公司核心价值的"小的过错"，并坚持严格依法管理。"千里之

堤，溃于蚁穴"，不及时修好第一扇被打碎玻璃的窗户，就可能会带来无法弥
补的损失。

五、到底是"90 后"有问题还是你有偏见

现在的"90 后"，早已被贴上了诸如"叛逆""早熟""消极""另类""缺
少担当""没有责任感"等标签。然而，必须要正视的是，当我们给他们贴上
这么多标签的时候，其实出现了一个问题：即当一个群体拥有这么多碎片化
的标签时，这还能够成为这个群体的标签吗？这是不是说明社会对"90 后"
群体存在偏见？

心理解读

大家在为"90 后"贴标签时，
正如当年努力地给"80 后"贴标签
一样，这样的桥段总是惊人的相似。
这其实就是社会对一代人的偏见。偏
见滋生的背后必然是前辈们的自负
与傲慢。每一代人都要从幼稚走向成
熟，批判"90 后"的人和当年批判"80 后"的人或许都忘了自己不过比他们
的批判对象年长几岁而已。

物质和精神生活越来越丰富，不是责怪下一代的理由；个性的解放也是
社会发展到一定程度的必然结果。任何一代人都有符合自己这一代人的生活
背景，这无法选择。吃苦固然是一种资历，但享受看似幸福的生活，也不是
必须要接受批评。

每一代人之间需要充分的宽容和理解。不让上一代的悲剧延续，不让下
一代人受到同样的苦难应是每一个群体都需要考虑的问题。在这样的理念下，
我们努力塑造自己理想中最完美的下一代，但这不能成为随意判定他们"堕
落"的理由。很多时候人们并不关注事物好的一面，而总是将一些黑暗的东
西拿出来，以偏概全，这种想法是不对的。

在现实生活中，有许多因素可以影响人对社会中不同群体的认知，从而形成偏见呢，如下几点所示：

1．观察者的状态

不同的人会从不同的范畴去组织知觉，每个人都有自己所重视的特性和内容。遇到他人时，都会根据自己认为重要的特性去形成对人的印象。所以，观察者的主观感觉、生活状况、价值观和期望等都会影响对他人的认知。实验证明，一个人和另一个有较大年龄差距的人有不愉快的合作经历后往往会把错误归咎到代沟上，从而对这一代人产生偏见。

2．知觉偏见

一些知觉偏见经常影响人们正确印象的形成，这是因为：

一是光环作用的结果。最初所形成对他人的好的或坏的印象，像光环一样笼罩着人们，致使人们对他人的其他品质也推断为好的或坏的。例如，面对一个循规蹈矩的孩子，人们往往认为他的其他方面也是可取的。而对做过错事的孩子，无论他其他事做得如何完美，人们也会认为他毫无可取之处。

二是刻板化。刻板化是指对社会上一类人简单、固定、笼统的看法，它深藏在人们的意识之中，影响着对人的知觉。例如，一提到教授、科学家，就会认为他们一定是文质彬彬、戴黑框眼镜、提皮包的人。在不少人的印象中，"90后"就是叛逆的、浮躁的。刻板印象是形成人际间偏见的主要原因，而这些偏见是错误的。

三是逻辑错误。我们往往根据某一存在的特性推论出另一些特性来。例如，知道某人是聪明的，同时会指望他富于想象力、机敏和可信赖。认为保守的人，同时也是缺乏幽默感的。其实在这些品质之间并无必然的逻辑关系，保守的人未必不幽默，所以把这种推理叫作逻辑错误。

这种错误倾向是建立在人格理论基础上的。人们往往把各种各样的人都归入一些现成的类型当中。发现了某人具有某些代表性的品质就认为他符合某一种类型的模式，同时假设他具有这一类型的其他品质。所以，关于人格分类的理论影响着人们对他人的知觉。

四是假定性相似。从自己出发去假设别人是知觉他人时的一种倾向。观察者往往认为他人与自己是相同的，也就是将自己的需要、情感等投射到他人身上。所以观察者可能歪曲所得的信息，使观察对象更像自己。

六、为什么"老好人"往往更容易惹人厌

在生活中，我们会发现有这样一类人，他们为人随和、厚道，从不得罪人，看起来似乎没有一点儿脾气，别人请他帮忙，他们总会毫不犹豫地答应，于是被人们称为"老好人"。若你遇到了困难，只要问一句"×××，帮我个忙好不好"，对方一个简单明了的"好"，你就可以摆脱困扰。按常理来说，这种人应该是最讨人喜欢的，可事实上却并非如此，正是这种不拒绝也不反抗的人，在"世界上最讨厌的人"排名榜中却名列前茅，为什么会这样呢？

心理解读

首先，这归根于阿伦森效应。所谓阿伦森效应，是指随着奖励减少而导致态度逐渐消极，随着奖励增加而导致态度逐渐积极的心理现象。阿伦森效应提醒人们，在日常的工作与生活中，应该尽量避免由于自己的表现不当而导致他人对自己的印象向不良的方向转变。

"老好人"在人际交往中吃力不讨好便是这个缘故。比如，有这样一个"老好人"，第一次，小李找他帮忙，他没有拒绝；第二次，小李又来寻求帮助，"老好人"又帮了他；之后，第三次、第四次、第五次，"老好人"都毫无意外地帮助了小李。但在无数次的帮忙之后，"老好人"终于因为某些不得已的原因拒绝了小李的请求，此时小李的愤怒与失望会比任何时候都要强烈，而"老好人"之前帮助小李做的所有事情似乎都在他拒绝小李的那一刻起变得不值一提。

于是，经过无数次的帮助而建立起来的好感就因为仅有的一次拒绝被破坏了，这究竟是谁的错呢？"老好人"想必也是捶胸顿足，有口难言。可能有人会说"这都是老好人自作自受，谁让他一直都在充当一个'老好人'的角色呢"，但事情并非这么简单。

在生活中有一种"得寸进尺效应"，也叫"登门槛效应"，是指一个人如果接受了别人的一个小要求，那么别人在此基础上再提出一个更高一些的要求，这个人也会倾向于接受。因为人的每个意志行动都有其行动的最初目标，

在许多场合下，由于人的动机是复杂的，所以常常会对不同的目标进行比较、衡量和选择，在相同的情况下，那些简单易行的目标更容易让人接受并采取行动。

另外，人们总是愿意把自己塑造成首尾一致的形象，即使别人提出的要求有些过分，但为了维护自己形象的一贯性，很多人也会选择接受对方的要求。"老好人"在一开始的时候就选择了帮助小李，于是为了维护他在小李心目中的美好形象，即使自己再不情愿，他也会选择始终如一地帮助小李，所以才会收到小李接踵而来的求助。

心理自愈

如何才能让自己摆脱"老好人"的形象呢？这就需要改变自己的行为模式。对于别人的请求，我们要学会戴上辨别是非的"眼镜"进行筛选，选择性地为其提供帮助。赠人玫瑰，手留余香。帮助了别人，往往自己心里也会快乐，但每个人都是独立的个体，谁也没有义务去无条件地帮助谁。与其做一个博爱的"滥好人"，不如去爱少数人，也被少数人所爱。

七、为什么大多诈骗短信经不起推敲还会有人相信

"××集团举行30周年大庆典，您的手机号码获得了20万元大奖。""爸，我被人绑架了，快汇××元到这个账号"……为什么诈骗短信看上去那么弱智？为什么这样弱智的短信还有人信呢？

何女士在家接到一名自称医保单位工作人员的电话，说她的医保卡出现问题，要咨询详情请按9。何女士在不明原因的情况下按了9，随后发生的事情将何女士拉进了受骗的深渊。

"咨询人员"说，何女士在上海××医保局于2017年10月8日开了一张医保卡，并消费了11 860元人民币的管制药物，恐吓事主立刻到嘉定公安局报案，随后就说帮忙转接到公安局。

这时，自称高军的警官询问何女士姓名、出生日期、住址等信息，"查证"

之后突然严厉地说:"你和王俊的犯罪集团有关系,王俊已经被捕被判了 30 年,他在笔录中供认分了一成的非法获利给你。"何女士一听激动申辩。"警官"说相信她是清白的,但现在所有证据都对她不利,搞不好要被判刑 15 年。

然后又换了一个"上级的检察官"讲电话,说是该抓的要抓,该处理的要处理,中央非常重视。他们要何女士向一个公证账号汇入资产进行冻结审核。结果何女士就在对方的指导下,分几笔一共汇去 423 895.5 元。几天后,何女士看见没有动静才和丈夫说了实话,发现被骗报警,但钱已经被骗走了。

心理解读

诈骗短信大多经不起推敲,但是却屡屡得手,那么究竟哪些人容易上当呢?诈骗短信又抓住了人的什么心理呢?具体有以下 4 点:

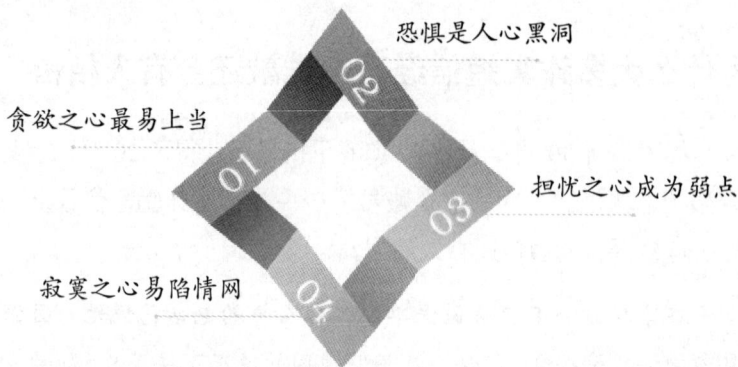

恐惧是人心黑洞
贪欲之心最易上当
担忧之心成为弱点
寂寞之心易陷情网

1. 贪欲之心最易上当

网上购物诈骗、买超低折扣机票、低价转让二手物品、中奖诈骗等,专门针对人们贪小便宜、贪小利的心理。贪利心理作为人性弱点几乎每个人都有,只是表现的程度不同而已。有些人面对诱惑时能够保持冷静,绝不相信不劳而获,而有的人却控制不住自己可能收获意外之喜的喜悦,本能地回避空欢喜的失望，于是被骗。

2. 恐惧是人心黑洞

有些受害人心理素质较差、内心不安，遇到如冒充公检法的骗子，一威吓，说你电话欠费、包裹有毒品，一听就慌了。所谓身正不怕影子斜，没做过亏心事，就不怕鬼敲门。执法机关会有正规的办案程序，而一个电话就被吓住、乖乖地按照"警察"说的做，多半还是内心深处藏有恐惧。

3. 担忧之心成为弱点

还有一类诈骗，说对方的孩子、亲人遇到了车祸、灾难，必须要花钱解决。诈骗犯抓住受害人对亲人的爱与忧虑，攻击他们内心的弱点。这样的受害人看起来是因为爱而被骗，似乎很无辜，但担忧过重本来就不是爱，对被爱者也完全没有帮助，还可能给对方带来心理负担。

4. 寂寞之心易陷情网

情感骗子常常利用人们感情饥渴、空虚寂寞的心理，通过网上视频聊天、电话聊天等方法，一步步骗取受害人的信任。然后以没有路费、需要充话费、亲人突发疾病住院急需钱等理由，来骗取钱财。

八、为什么女生经常有"抱团行为"

从校园到职场，大部分女生总是采取 2~6 个人不等的形式同进同出，参加同样的社团、分组合作、集体吃饭等。但是这些小团体却很难保持长期的友谊，那么她们这样做的原因是什么？只是因为不想落单吗？

心理解读

群体可以给人提供有用的服务、满足个人需求、提供信息、增强自尊，并带给人一种身份认同感。而群体最重要的群体表现是"群体思维"：为了维持群体的和谐，群体成员削弱了其决策能力并且避免做出现实的评价。群

体思维会发生是因为群体成员之间互相激发，维护自己的自尊心，促进一致性，尤其是在面临压力的时候这种思维会表现得更明显。

当人们无法确定自己的态度和意见正确与否的判断标准时，往往将周围其他人的态度、意见或行动作为暂时性判断标准，以使自己的认识与周围人保持一致。

也可以说，女生抱团是认为这样可以避免自己做出一些错误的决定，因为她们相信群体的决策能力是高于个体的。

至于她们为什么喜欢做一样的事，很大程度是因为从众心理。从众心理可以使他们与大家保持一致以实现团体目标，取得团队中其他成员的好感，维持良好的人际关系现状，避免承受压力。

人们总是不断地把自己的群体与其他群体相比较。在这个过程中，人们的注意力总是更多地集中在两个群体之间的差异而不是相似之处，因此可能会被外群体的特点所吸引或对自己在内群体的身份或对内群体的群体契约和规范产生了质疑，从而改变自己的群体。

而这个过程是需要时间的，因为加入一个新的群体、融入一个新的群体、习惯一个新的群体直到失去兴趣是一个漫长的过程，可能会表现出 5 年的时间。

当然，也不排除男生的抱团行为。

成功的人之所以成功，靠的就是超出常人的洞察力。糊涂的人每天浑浑噩噩，清醒的人能够细心地发现身边的现象，聪明的人能够找到现象的规律，智者能够透视现象背后的道理。透过现象看本质，我们才能在问题中实现成长。趣味心理学，带你分析现象背后的动机，带你看穿现象背后的实质。

第十二章

看穿现象背后的动机
——趣味心理学

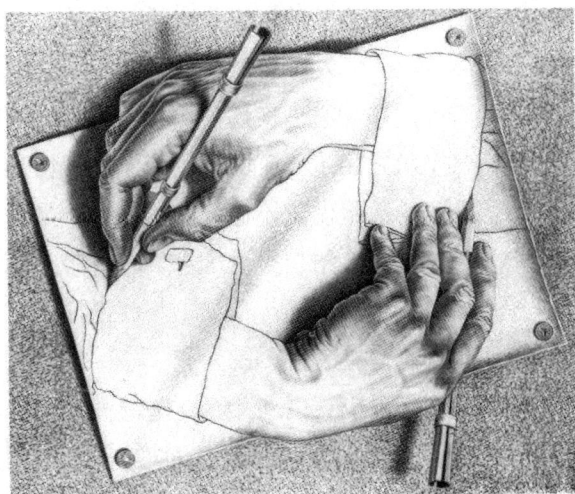

一、为什么你总是觉得"不是我的错"

人们总会习惯性地将自己的成功归因于自身，失败归因于环境，而将他人的成功归因于环境，失败归因于其自身。于是，我们就经常听到这样的话"这又不是我的错"。这是一种什么心理呢？这种心理又是怎么产生的呢？

心理解读

为什么有的人学习和工作非常积极、热情，对事业全力以赴，能战胜困难、取得成功，而有的人却得过且过、不思进取，学习和事业无起色？其中归因起到了重要作用。

如果一个人在某项活动上失败了，他将其归因于努力不够之类的原因，他仍会充满自信和希望，保持乐观，继续努力奋斗，并最终取得成功。若他将失败归因于能力差之类的原因，他会感到失望、沮丧，对未来事业失去信心而畏首畏尾，再遇到类似活动时还会失败。因此，常胜将军总是和积极的归因分不开的。

对成功归因于内部稳定的因素，将使人产生满意和自豪的体验，而将成功归因于外部不稳定因素，如运气，则只能使人产生侥幸心理。显然，这两种不同的归因对人今后的影响是大不一样的，前者会使人产生对未来成功的期待，而后者只能使人对未来感到不确定和没有把握。

许多心理问题和心理疾病其实都与不正确的归因有关，有的心理问题和心理疾病甚至就是由不正确的归因引发并慢慢形成的。如果一个人对其所遭遇的不愉快的事总是做出不适当的归因，不是怨天尤人，就是忌恨别人或者过分自责，这样就会给自己心理、情绪上带来消极的影响，严重时就会形成紧张、焦虑、抑郁、愤懑等情绪。长此以往，将导致心理和行为的异常，引发心理问题和心理疾病。

例如，没找到工作，就归因于自己无能；工作不满意，就归因于社会不公；自己分数低，就归因于监考老师的刁难；自己没食欲，就归因于饭菜味道不好。

因此，健康的心理也需要正确地认识事物，进行正确的归因。

心理自愈

当我们总是发生归因错误时，如何矫正自己的认知思维呢？建议尝试以下3种方法：

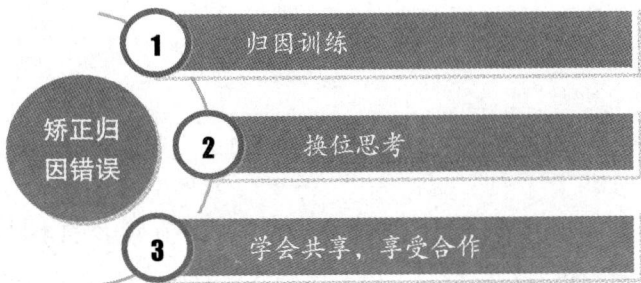

1. 归因训练

当你发现自己总是将错误归因到自己身上时，你就要练习外在归因，即把错误的原因尽量归因到外在的、不稳定的原因上。因为消极的内在归因会降低自尊，使自己变得消极、不自信。比如，当你邀请同事去郊游而同事拒绝时，与其认为自己是个不受欢迎的人，不如想想同事周末可能有事。

当你发现自己总是将错误归因到别人身上时，建议在分析外在原因时也分析一下内在的原因。这样就不会狂妄自大、目中无人。比如你被飞驰的汽车溅了一身泥，与其归因于"司机是故意的"，不如问问自己"如果我没有走在水边会被溅到吗？"这样生活会变得愉快很多。

2. 换位思考

先从观察者的角度看问题，然后把自己放在行动者的位置上思考别的观察者会怎么观察自己。这样就可以辩证地、全面地看待一个人的行为表现和做出正确的推论。

要考察一个人在不同场合不同的表现，综合进行评价，不能就事论人；对待我们自己，则要经常进行自我反省，自我批评，要注意本人的内在特征在归因中所起到的作用。

如果一个特定的环境中引起了自己的特定结果，其原因可能是环境的，但如果在不同环境中，而自己的行动是一贯的，那就应该审视自己内在特征的作用。

3. 学会共享，享受合作

不要犯主观主义的错误，把功劳归于自己，把错误推给别人或外在环境。在评功罚过时，特别是在追究错误的责任时，要进行客观的分析，尤其要严以律己，自我批评，勇于承担责任。

二、为什么你选的却不是你想要的

是去外面的世界闯荡做个漂泊者，还是继续在家乡的小城市做个公务员？是和不爱的相亲对象结婚了事，还是继续寂寞等待未知的真爱？是在外企继续做个晋升无望的螺丝钉，还是赌一把辞职创业？是和整天吵吵闹闹的另一半忍着过下去，还是离了婚重新回到单身时代？

你总是为你的选择不满，觉得现在的选择不是你想要的。其实解决这种困扰只需要一句话：选你所爱，爱你所选。

心理解读

许多人总是产生一种感觉：自己的选择不是自己真正想要的。为什么会出现这种心理呢？可能有以下 3 个原因：

1. 选择太多，挑花了眼

选择多其实并不是一件好事，每种选择都有各自的优缺点。所谓最好的归宿可能并不适合你，大家都能选的可能只有你不可以选。适当删除一些选项，可以让自己少些选择的困扰。

2. 别人内疚胜过自我谴责

你并不是真的不知道该选择什么，只是你没有勇气去选择内心的答案，而希望把决定权交给别人，这样即便后来发现选择是错误的，也不会过分自责。比如，你去酒吧点酒，菜单上有 50 种酒，虽然你个人比较喜欢清淡一点的，但怕点完了不喜欢，就要侍者帮忙推荐。如果发现不好喝，就怪推荐的人，这样总好过自己默默品尝选择失败的苦酒。

3. 迫于压力，不得不选

现在好多人口口声声说父母催婚压力大，自己虽然也很想过自己想要的生活，但还是顶不住压力，选择"孝顺"父母。结婚后，又抱怨伴侣和自己想象的不一样。其实你结婚和压力大不大没关系，你要是没有做出选择，谁也不能逼着你结婚。

选择意味着要自己对自己负责。选择你最喜欢的，不要理会别人的话，做出自己不后悔的决定，接下来你要做的就是对你的这个选择负责。

三、大多数人为什么都相信心理测试

感情细腻的女孩多半会喜欢心理测试，而"理性"男青年对此多嗤之以鼻。不过谁要分析他们的事业走势、老板更迭，他们也会假装不屑地凝神静听，这就是心理测试的诱惑。那么，为什么会有那么多人相信心理测试呢？

心理解读

心理测试在如今是越来越流行了，金钱、爱情、运势等方面的测试无穷无尽。为什么大家会那么喜欢心理测试呢？可能有以下 5 点原因：

对生活不确定性的憎恶

渴望得到关于
明天的暗示

用心理测试来映射生
活中面临的问题

心理测试

百无聊赖时
的寄托

爱情前景的
扑朔迷离

1. 对生活不确定性的憎恶

多年的读书生涯，让大家习惯了有标准化答案的试题，学业结束后，也往往会在不知不觉中将这种试题逻辑带到现实生活中来。但现实生活中的事往往没有一个标准的答案，这种情况让我们多少有些不适应。这时忽然有一道测试题摆在了我们面前，只要做出简单的选择，就会有一个答案把我们归到一个类别。其实我们明明知道自己未必能那么单纯，却在测试中得到了莫大的安慰，因为有答案总比没答案让人踏实。

2. 渴望得到关于明天的暗示

心理测试无论对与否，都会让比较敏感的一群人得到一个短暂的暗示。追问明天是人类最正常的心理体现，就像看电视连续剧，很多人等不及用正常的速度来播放，经常快进，或者索性只看大结局。如果有人告诉你，你的人生就是一部电视连续剧，我能把人生的过程压缩成 DVD，有几个人能抗拒呢？

3. 百无聊赖时的寄托

当生活无趣的时候，测测自己和别人多少是个乐子。我们经常发现自己生活空虚，不知给谁打电话，约谁吃饭，看哪本书。这时候打开网络，或者翻开一本娱乐杂志，做几道心理题，时间就变得容易打发了。

4. 用心理测试来映射生活中面临的问题

如果自己身体欠佳，就会格外注重关于健康方面的测试。而我们面对重大的考验或烦恼，想要找个空间整理一下思路，或者逃避某种压力时，可以躲在测试题里自问自答。

5. 爱情前景的扑朔迷离

给你一份爱情，不知什么时候就会被上天收回。今天还甜如蜜，明天就翻了脸。伤感与凄美是审美情趣，而在生活中会流泪流血，留下痛楚和疤痕。我们知道，感情不是通过努力就能获得成功的竞技项目。而此时如果有一个能感应心灵的缩写版本摆在我们面前，我们就可以做一些思想准备来躲开那些令人受伤的情感经历了。

四、打哈欠是犯困还是心理在作怪

每当我们感到疲倦时，总会忍不住打个哈欠，但是也有的时候，我们明明没有犯困，只是看到打哈欠的字眼、听到打哈欠的声音，或者想到打哈欠的场景，就会真的打起哈欠来。

心理解读

打哈欠是日常生活中很常见的一个动作，打哈欠不仅有生理原因还有心理原因。

美国科学家近日公布了打哈欠的最新研究成果，打哈欠是人体用来自动调节大脑温度的一种手段，当人的大脑开始过热时，通过上颌窦的扩张和收缩让清凉的空气进入大脑，使大脑降温。

"大脑降温说"指出，人类的大脑和电脑有点相似，对温度相当敏感，温度一高就没法高效运转了，打哈欠相当于大脑的一个散热器。由于疲劳和睡眠不足会导致大脑温度上升，因此必须要通过打哈欠来降低大脑的温度。

也有人这样说，打哈欠是因为身体感到疲倦，需要补充氧气，所以直接以口鼻大量地吸入空气，以获得氧气补充。

但很多时候，我们打哈欠是因为受到了外界的影响，这就说明打哈欠也有心理原因。

神经生物学家发现，只有大脑皮层发达的脊椎动物，才有能力辨识哈欠，并且彼此传染。打哈欠是"大脑高级意识和智力"负责的事情，是很复杂的社会行为。因为他们/它们能够了解同伴的想法，而且会在"移情作用"的影响下把同伴打哈欠的行为反映到自己身上，从而产生"连锁反应"，跟着同伴重复同样的动作。

此外，心地善良的人容易被打哈欠传染。那些善于设身处地替别人着想、喜欢将自己假想成他人的人更容易发生"移情作用"，从而更容易受到影响而打哈欠。而在沟通与社交上能力不足的人，则不太受到打哈欠的传染。该结果正好解释了为什么精神病患者很少会被别人打哈欠所传染，自闭症患者对于别人的打哈欠行为也无动于衷。

关系越密切越容易被打哈欠传染。调查显示，打哈欠传染在亲人之间发生率最高，其次是朋友，然后是熟人和陌生人。这也再次印证了打哈欠被传染是移情的一种形式，越是关系密切，人们越容易体会到其他人在压力、焦虑、无聊或疲劳时的感受。

五、越来越多的年轻人为什么喜欢"宅"在家里

"请不要叫我'宅男'，请叫我'闭家锁'；请不要叫我'宅女'，请叫我'居里夫人'。"越来越多的年轻人爱上了"家里蹲"，他们理所应当地说："家里有浴室、电脑、宽带、大床，我为什么要到外面吸雾霾？"为此，父母很担心，社会也很担心。

乔楠自称"六星级宅男"，是"宅男宅女交友会"QQ群的群主，管理着127名会员。他说："群里会员的真实身份包括待业青年、学生、银行职员、广告从业人员、自由设计师、教师、商人、程序员、翻译、媒体工作者等，可谓五花八门。年龄大多在19~36岁之间，大多生活在城市。在家最常做的事就是上网、看电影、看书、打游戏。"

说起宅在家的时间，他说："大家待在家里的时间最短为2天，最长为3个月，有的是长期宅着，有的是平时上班周末才宅。每个人宅的程度都不一样，但可以肯定的是大家都喜欢待在家里，能不出门就不出门。"

心理解读

"宅"的称呼起源于日本，本来是指某些沉迷于自己兴趣而不问世事、不与他人来往，以及对其他的一切事情都不放在心上（包括个人卫生、人际来往、维持生活的基本收入等）的人。即非我同类不与其相交而又不注重生活质量的人，如火车宅、建筑宅、军事宅、动漫宅等。但是传至中国却产生了概念上的区别，并由此延伸出"纯宅""虚无宅"等实为"家里蹲"的"伪宅"群体。

在中国，"宅"象征着一种新文化的开始，在一定程度上它是现代都市白领一种流行的生活方式。或许是由于对现实的失望，或许是内心的需要，他们更倾向于孤独与寂静，选择一个人独处，做自己想做的一些事情。

随着时代的发展，这种"宅"的趋势会愈演愈烈。我们不能否认这一种新的生活方式。"宅"在中国并不是心理障碍者、社交恐惧者的代名词，但它依然反映了一些问题。

据调查，有很多人休息的时候都会选择"宅"在家中不出门。一方面因为在网上能和朋友交流，在网上购物，足不出户已经可以解决日常的需求；另一方面出去会感觉很枯燥，缺乏出门的兴趣和动力。

造成"宅"可能有以下几个方面的原因：

第一，社会物质化。情感淡漠化导致人与人之间的交流必须建立在利益的基础上，让人无法坦诚地、安全地进行交流。而"宅"则很好地避免了这种冲突，让人能保持好心灵的那份纯与净，不被污染。

第二，社会巨大的压力。每天在人群中，由于各种原因人们经受着各种压力与挫折，使内心的能量消耗殆尽，已经无暇在空余时间再去应对外界的矛盾。而"宅"可以让人在一个安全、舒适的空间里，恢复内心能量与动力。因此，"宅"能让人们获益，能补充心理能量，更有力地面对现实社会。

宅虽然可以储蓄能量，但不能因为宅而丧失了能力。正确应对"宅"生活，而不是沉溺于"宅"，"宅"出身心问题，就失去了"宅"生活的本质意义了。

六、"超级话痨"，我为什么管不住自己的嘴

在现实生活中，人们对"话痨"的定义总是不太美好。比如，"永远的自来熟""不甘寂寞的厚脸皮"。如果你发现自己说的话 10 句有 8 句是没用的，又不能逗人笑，那就只剩下惹人烦了，所以不要做个"话痨"。

28 岁的周凯事业顺利，婚姻幸福，但他有个不良的习惯，别人说话时他总要去打断，抢着说，还把话题扯得天远地远。别人烦他，他自己也烦，可他就是管不住自己的嘴。

昨晚，周凯最好的哥们儿宴请他的大学老师，老师从沈阳出差来的，日程安排很紧，哥们儿约了几次，昨晚终于有空一起吃饭。哥们儿知道老师爱喝酒，专门叫了几个要好的朋友来陪。入席前哥们儿特地交代周凯说老师性格严谨内向，讨厌胡侃乱吹，叫他一定管住自己的嘴。

开始还好，后来周凯可能是觉得老师不像哥们儿说的那样严谨内向，人很随和，就放松了警惕。席上不知谁提了一句二人转，周凯马上接过话问老师喜欢二人转吗？老师没说话，周凯就开始绘声绘色地讲起来。其实周凯也没真看过二人转，就把网上看到的、听别人讲过的胡乱凑在一起，越扯越远，言语很放肆。

虽然周凯看到老师和哥们儿的脸色有些阴沉，也感觉桌子下有人在踢他的脚，可他太兴奋了，完全管不住自己。最后的结果是老师拂袖而去，哥们儿指着他的鼻子一字一句地说："我再也不想见到你！"

和以前发话疯一样，事后周凯觉得很后悔。回去后一夜无眠，愧疚、难受，不停地反思，确实觉得自己真的很讨厌。他不明白生活中的自己并不是一个占强的人，为什么在说话上总是控制不住呢？

心理解读

现实生活中，你是否遇到过"话痨"呢？无论是工作还是生活，总会有一两个话痨存在。心情好时人们可能还会倾听，但是比较烦躁时可能就没什么耐心了。那么人为什么会有"话痨"的毛病呢？

"话痨"的人大致可以分成以下 4 种类型：

1. 心里有话，不吐不快型

这类人意识不到自己所言有何不妥，他们往往不懂得察言观色，也不懂得有些话完全没必要说，并且他们说话不过脑子，不会深思熟虑。虽然这种"话痨"不会招来过分的厌恶，但是也很难获得他人的信任。

2．语不惊人死不休，热衷于黑色幽默型

这类人通常头脑灵活，比较聪明。他们往往没有恶意，只是单纯想要卖弄自己的过人之处。很多时候他们的话会在无意中伤害别人，甚至让对方觉得是被当成傻瓜对待，从而怀恨在心。

3．缺乏自信，多说一句心里踏实型

这类人总是纠结于自己的权威和立场是否动摇，总是多说一句以求心安。事实上，这种多言的行为是自信、自尊不足的原因。

4．孤独寂寞冷，过分要求存在感型

这类人总感觉自己"因为不可靠而被孤立"，所以迫切想要成为众人的焦点，让周围的人向自己聚拢，于是就喋喋不休。通常来看，他们的感情十分细腻，并且过于敏感。

心理自愈

想要改掉"超级话痨"的坏习惯、管住自己的嘴，可以尝试以下方法：

首先，停止加强心理暗示。一个人如果一直暗示自己无法控制自己的语言，就会产生负面加强的效果。想要做到一件事之前，你要先相信自己能做成。在很多哲学理论中人之所以如此，是因为他希望如此。主观的力量不比你后天养成的习惯的力量小。

其次，养成"三思而后行"的习惯不能一蹴而就，需要反复的、多次的练习。可以试着从小事做起，改变自己。比如可以在别人说话时举起水杯，用喝水的方式堵住自己的嘴，或者是给自己规定一次讲话只能讲一个话题，不能跑题等。

最后，设定一个榜样。比如找一个影视作品中你最为喜欢的沉稳冷静的角色，模仿他的行为特点，想象你就是他。生活中我们看不到自己的言行，所以在你说话时不妨稍带一点儿想象。

读 者 意 见 反 馈 表

亲爱的读者：

感谢您对中国铁道出版社有限公司的支持，您的建议是我们不断改进工作的信息来源，您的需求是我们不断开拓创新的基础。为了更好地服务读者，出版更多的精品图书，希望您能在百忙之中抽出时间填写这份意见反馈表发给我们。随书纸制表格请在填好后剪下寄到：北京市西城区右安门西街8号中国铁道出版社有限公司大众出版中心 巨凤 收（邮编：100054）。此外，读者也可以直接通过电子邮件把意见反馈给我们，E-mail地址是：herozyda@foxmail.com。我们将选出意见中肯的热心读者，赠送本社的其他图书作为奖励。同时，我们将充分考虑您的意见和建议，并尽可能地给您满意的答复。谢谢！

- -

所购书名：_____

个人资料：

姓名：_____ 性别：_____ 年龄：_____ 文化程度：_____

职业：_____ 电话：_____ E-mail：_____

通信地址：_____ 邮编：_____

- -

您是如何得知本书的：

☐书店宣传 ☐网络宣传 ☐展会促销 ☐出版社图书目录 ☐老师指定 ☐杂志、报纸等的介绍 ☐别人推荐
☐其他（请指明）_____

您从何处得到本书的：

☐书店 ☐邮购 ☐商场、超市等卖场 ☐图书销售的网站 ☐培训学校 ☐其他

影响您购买本书的因素（可多选）：

☐内容实用 ☐价格合理 ☐装帧设计精美 ☐带多媒体教学光盘 ☐优惠促销 ☐书评广告 ☐出版社知名度
☐作者名气 ☐工作、生活和学习的需要 ☐其他

您对本书封面设计的满意程度：

☐很满意 ☐比较满意 ☐一般 ☐不满意 ☐改进建议

您对本书的总体满意程度：

从文字的角度 ☐很满意 ☐比较满意 ☐一般 ☐不满意
从技术的角度 ☐很满意 ☐比较满意 ☐一般 ☐不满意

您希望书中图的比例是多少：

☐少量的图片辅以大量的文字 ☐图文比例相当 ☐大量的图片辅以少量的文字

您希望本书的定价是多少：

本书最令您满意的是：

1.
2.

您在使用本书时遇到哪些困难：

1.
2.

您希望本书在哪些方面进行改进：

1.
2.

您需要购买哪些方面的图书？对我社现有图书有什么好的建议？

您更喜欢阅读哪些类型和层次的经管类书籍（可多选）？

☐入门类 ☐精通类 ☐综合类 ☐问答类 ☐图解类 ☐查询手册类 ☐实例教程类

您在学习计算机的过程中有什么困难？

您的其他要求：